4주 28일
완성

학습 스케줄표

KB094056

공부한 날짜를 쓰고 학습한 후 부모님·선생님께 확인을 받으세요.

1주

	쪽수	공부한 날	확인
준비	6~9쪽	월 일	확인
1일	10~13쪽	월 일	확인
2일	14~17쪽	월 일	확인
3일	18~21쪽	월 일	확인
4일	22~25쪽	월 일	확인
5일	26~29쪽	월 일	확인
평가	30~33쪽	월 일	확인

2주

	쪽수	공부한 날	확인
준비	36~39쪽	월 일	확인
1일	40~43쪽	월 일	확인
2일	44~47쪽	월 일	확인
3일	48~51쪽	월 일	확인
4일	52~55쪽	월 일	확인
5일	56~59쪽	월 일	확인
평가	60~63쪽	월 일	확인

3주

	쪽수	공부한 날	확인
준비	66~69쪽	월 일	확인
1일	70~73쪽	월 일	확인
2일	74~77쪽	월 일	확인
3일	78~81쪽	월 일	확인
4일	82~85쪽	월 일	확인
5일	86~89쪽	월 일	확인
평가	90~93쪽	월 일	확인

4주

	쪽수	공부한 날	확인
준비	96~99쪽	월 일	확인
1일	100~103쪽	월 일	확인
2일	104~107쪽	월 일	확인
3일	108~111쪽	월 일	확인
4일	112~115쪽	월 일	확인
5일	116~119쪽	월 일	확인
평가	120~123쪽	월 일	확인

Chunjae
Makes
Chunjae

▼

기획총괄	박금옥
편집개발	윤경옥, 박초아, 김연정, 김수정, 조은영
	임희정, 이혜지, 최민주, 한인숙
디자인총괄	김희정
표지디자인	윤순미, 김지현, 심지현
내지디자인	박희춘, 우혜림
제작	황성진, 조규영

발행일	2023년 5월 15일 초판 2023년 5월 15일 1쇄
발행인	(주)천재교육
주소	서울시 금천구 가산로9길 54
신고번호	제2001-000018호
고객센터	1577-0902

초등 문해력
독해가 힘이다

2-B 문장제 수학편

주별 Contents «

요즘 학생들은 책보다 스마트폰에 빠져 있고 모르는 어휘도 많아서 글을 읽고 이해하는 능력, 즉 문해력이 부족한 경우가 많아요.

수학 문제도 3줄이 넘어가면 아이들이 읽기 힘들어 하고 무슨 뜻인지 이해하지 못하는 경우가 많지요. 그래서 수학 문제를 푸는 데에도 문해력이 필요해요!

〈초등문해력 독해가 힘이다 문장제 수학편〉은
읽고 이해하여 문제해결력을 강화하는 수학 문해력 훈련서입니다.

매일 4쪽씩, 28일 학습으로
자기 주도 학습이 가능 해요.

수학 문해력을 기르는
준비 학습

준비 학습 **문해력 기초 다지기**   문장제에 적용하기

◇ 연산 문제가 어떻게 문장제가 되는지 알아봅니다.

1 4×2=☐   ⟫ 예나는 한 묶음에 **4권**씩인 공책 **2묶음**을 가지고 있습니다.
예나가 가지고 있는 공책은 모두 몇 권인가요?

식 _____4 × 2 = ☐_____

답 _____권

2 2×5=☐   ⟫ 안경 한 개에 렌즈가 **2개**씩 있습니다.
안경 **5개**에 있는 렌즈는 모두 몇 개인가요?

└ 렌즈

식 _____

답 _____개

3 5×6=☐   ⟫ 농구공이 한 상자에 **5개**씩 들어 있습니다.
6상자에 들어 있는 농구공은 모두 몇 개인가요?

식 _____

답 _____개

준비 학습 **문해력 기초 다지기**   문장 읽고 문제 풀기

◇ 간단한 문장제를 풀어 봅니다.

1 달걀이 한 줄에 **4개**씩 **5줄**로 놓여 있습니다.
달걀은 모두 몇 개인가요?

식 _____   답 _____

2 시장에서 한 봉지에 **5개**씩 들어 있는 꽈배기를 **2봉지** 샀습니다.
시장에서 산 꽈배기는 모두 몇 개인가요?

식 _____   답 _____

3 만화책을 책꽂이 한 칸에 **7권**씩 꽂으려고 합니다.
책꽂이 **3칸**에 꽂을 만화책은 모두 몇 권인가요?

식 _____   답 _____

⎮ 문장제에 적용하기

연산, 기초 문제가 어떻게 문장제가 되는지
알아봐요.

⎮ 문장 읽고 문제 풀기

이번 주에 풀 문장제 유형의 가장 단순한 문장제
를 풀면서 기초를 다져요.

수학 문해력을 기르는

1일~4일 학습

> 문제 속 핵심 키워드 찾기 → **해결 전략 세우기** → 전략에 따라 문제 풀기 → 문해력 레벨업 으로 이어지는 학습법

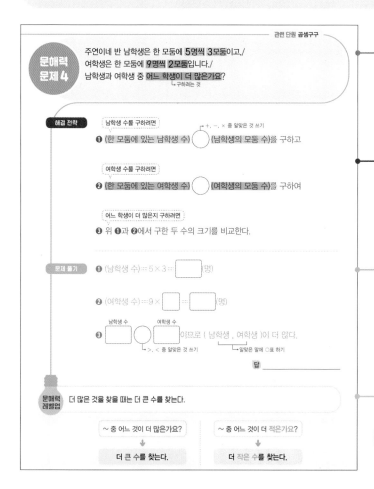

문제 속 핵심 키워드 찾기

문제를 끊어 읽으면서 핵심이 되는 말인 주어진 조건과 구하려는 것을 찾아 표시해요.

해결 전략 세우기

찾은 핵심 키워드를 수학적으로 어떻게 바꾸어 적용해서 문제를 풀지 전략을 세워요.

전략에 따라 문제 풀기

세운 해결 전략 ❶ → ❷ → ❸의 순서에 따라 문제를 풀어요.

문해력 레벨업 수학 문해력을 한 단계 올려주는 비법 전략을 알려줘요.

> 문해력 문제의 풀이를 따라
> 쌍둥이 문제 → 문해력 레벨 1 → 문해력 레벨 2 를
> 차례로 풀며 수준을 높여가며 훈련해요.

수학 문해력을 기르는

5일 학습

HME 경시 기출 유형, **수능대비** 창의·융합형 문제를 풀면서 수학 문해력 완성하기

네 자리 수

네 자리 수를 알면 1학기 때 배웠던 세 자리 수보다 더 큰 수를 세어 볼 수 있어요.
각 자리의 숫자 알기, 자릿값 구하기, 수의 크기 비교하기, 몇씩 뛰어 세기를 활용하여 문제를 해결해 봐요.

이번 주에 나오는 어휘 & 지식백과

13쪽 **상식** (常 항상 상, 識 알 식)
사람들이 보통 알고 있거나 알아야 하는 지식

17쪽 **민속놀이** (民 백성 민, 俗 풍속 속 + 놀이)
옛날부터 전해져 내려오는 놀이. 각 지역의 생활 모습을 잘 나타낸다.

18쪽 **통장** (通 통할 통, 帳 장막 장)
은행에서 돈을 저금하거나 찾을 때 그 내용을 기록해두는 것

19쪽 **월드컵** (World Cup)
1930년부터 4년마다 열리는 국제 축구 대회

19쪽 **올림픽** (Olympics)
1896년부터 4년마다 열리는 국제 운동 경기 대회

19쪽 **아시안 게임** (Asiangame)
아시아 여러 나라의 평화를 목적으로 올림픽 중간 해에 4년마다 열리는 국제 운동 경기 대회

22쪽 **마라톤** (marathon)
정해진 거리를 달린 시간으로 순위를 겨루는 달리기 경기

문해력 기초 다지기

🔘 기초 문제가 어떻게 문장제가 되는지 알아봅니다.

1

천 모형

➜ 나타내는 수: ☐

≫ **1000**이 **2개**, **100**이 **1개**, **10**이 **4개**인 수는 얼마인가요?

답 _____

2 **1000**이 **4개**인 수는

☐ 입니다.

≫ 종이컵이 한 상자에 **1000개씩** 들어 있습니다.
4상자에 들어 있는 종이컵은 **모두 몇 개**인가요?

꼭! 단위까지 따라 쓰세요.

답 _____ 개

3 **1000**이 **2개**, **100**이 **5개**인 수는 ☐ 입니다.

≫ 연필이 **1000자루씩 2상자**, **100자루씩 5상자** 있습니다.
연필은 **모두 몇 자루**인가요?

답 _____ 자루

4 더 큰 수에 ○표 하기

1240	2400
( )	( )

≫ 인형 공장에 곰 인형이 **1240**개,
토끼 인형이 **2400**개 있습니다.
곰 인형과 토끼 인형 중 **더 많은 것**은 어느 것인가요?

답 _____

5 더 작은 수에 △표 하기

4600	4290
( )	( )

≫ 파란색 풍선이 **4600**개,
빨간색 풍선이 **4290**개 있습니다.
파란색 풍선과 빨간색 풍선 중 **더 적은 것**은 어느 것인가요?

답 _____

6 더 작은 수에 △표 하기

7230	7400
( )	( )

≫ 은우와 유찬이는 어린이 미술 대회에 참가합니다.
참가 번호가 은우는 **7230**번, 유찬이는 **7400**번일 때
은우와 유찬이 중 번호가 **더 작은 사람**은 누구인가요?

답 _____

문해력 기초 다지기

문장 읽고 **문제 풀기**

◑ 간단한 문장제를 풀어 봅니다.

1 예서네 마을은 과수원마다 과일 나무가 **1000그루씩** 심어져 있습니다.
과수원 세 곳에 심어져 있는 과일 나무는 **모두 몇 그루**인가요?

풀이 1000이 ☐ 개인 수 ➡ ☐

답 _____

2 연수는 **1000원짜리** 지폐 **5장**, **100원짜리** 동전 **3개**, **10원짜리** 동전 **4개**를 가지고 있습니다.
연수가 가지고 있는 돈은 **모두 얼마**인가요?

풀이 1000이 5개, 100이 ☐ 개, 10이 ☐ 개인 수 ➡ ☐

답 _____

3 지우개가 **1000개씩** **1상자**, **10개씩** **7묶음** 있습니다.
지우개는 **모두 몇 개**인가요?

풀이

답 _____

4 **4200**부터 **100**씩 **4**번 뛰어 센 수를 구하세요.

풀이 | 4200 | | | | | | | | |

답 _____

5 **3080**부터 **10**씩 **5**번 뛰어 센 수를 구하세요.

풀이 | 3080 | | | | | | | | | |

답 _____

6 과일 가게에 사과가 **2504개**, 자두가 **1950개** 있습니다.
사과와 자두 중에서 **더 많은 것**은 어느 것인가요?

풀이 2504 ◯ 1950이므로 더 많은 것은 [   ]이다.

답 _____

7 가지고 있는 털실의 길이가 시환이는 **1460 cm**, 윤아는 **1700 cm**입니다.
시환이와 윤아 중에서 길이가 **더 짧은** 털실을 가지고 있는 사람은 누구인가요?

풀이

답 _____

관련 단원 네 자리 수

문해력 문제 1

색종이가 1000장씩 3상자, 100장씩 17묶음, 낱장으로 5장 있습니다./
색종이는 모두 몇 장인가요?
└ 구하려는 것

해결 전략

❶ 100장씩 17묶음은 '1000장씩 몇 상자, 100장씩 몇 묶음'과 같은지 구하고

❷ 색종이는 모두 몇 장인지 구하자.

문제 풀기

❶ 100장씩 17묶음은 1000장씩 몇 상자, 100장씩 몇 묶음과 같은지 구하기

100장씩 17묶음은 1000장씩 [ ] 상자, 100장씩 7묶음과 같다.

❷ 색종이는 모두 몇 장인지 구하기

따라서 색종이는 1000장씩 3+1= [ ] (상자), 100장씩 [ ] 묶음, 낱장

으로 5장 있는 것과 같으므로 모두 [ ] 장이다.

답 _____

문해력 레벨업

100이 17개인 수는 1000이 1개, 100이 7개인 수와 같다.

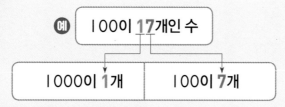

→ 100이 17개인 수는
1000이 1개, 100이 7개인 수와 같다.

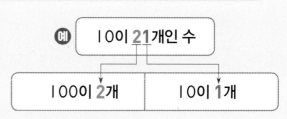

→ 10이 21개인 수는
100이 2개, 10이 1개인 수와 같다.

쌍둥이 문제

1-1 도화지가 1000장씩 8상자, 100장씩 13묶음, 10장씩 3묶음 있습니다./ 도화지는 모두 몇 장인가요?

따라 풀기 ❶

자리에 해당하는 수가 없으면 0으로 나타내.

❷

답 _____

문해력 레벨 1

1-2 천재 빵집에서 오늘 구운 쿠키는 1000이 4개, 100이 6개, 10이 24개인 수와 같습니다./ 천재 빵집에서 오늘 구운 쿠키는 모두 몇 개인가요?

스스로 풀기 ❶

❷

답 _____

문해력 레벨 2

1-3 마트에 ※손난로가 어제까지 1000개씩 5상자, 100개씩 7묶음, 낱개로 8개 있었습니다./ 오늘 100개씩 7묶음을 더 들여왔다면/ 손난로는 모두 몇 개인가요?

스스로 풀기 ❶ 전체 손난로 수를 1000개씩 5상자, 100개씩 몇 묶음, 낱개 8개로 나타내기

문해력 어휘 📖
손난로: 손을 따뜻하게 하기 위해 손바닥만 하게 만든 열을 내는 기구

❷ 위 ❶에서 나타낸 100개씩 묶음의 수는 1000개씩 몇 상자, 100개씩 몇 묶음과 같은지 구하기

❸ 전체 손난로는 몇 개인지 구하기

답 _____

관련 단원 네 자리 수

문해력 문제 2

공장에서 만든 인형이 **3253**개 있는데/
한 시간에 인형을 **1000**개씩 **4시간 동안 더** 만든다면/
인형은 모두 몇 개가 되나요?
└ 구하려는 것

해결 전략

> 4시간 동안 더 만들었을 때 인형이 몇 개가 되는지 구하려면

❶ 3253부터 [   ]씩 [   ]번 뛰어 세기 한다.

❷ 위 ❶에서 뛰어 센 마지막 수가 4시간 후 인형의 개수가 된다.

문제 풀기

❶ 3253부터 1000씩 4번 뛰어 세기

| 3253 | | | | |

❷ 4시간 후 인형의 개수: [   ] 개

답 _____

문해력 레벨업

문제 상황에 따라 알맞게 뛰어 세어 보자.

예 **4000**개가 있는데 하루에 **100**개씩 **5일 동안** 만들 때 **모두 몇 개인지 구하기**

4000부터   100씩   5번 뛰어 세기

예 **6000**원이 있는데 하루에 **100**원씩 **5일 동안** 꺼내 쓸 때 **남은 돈 구하기**

6000부터   100씩   거꾸로 5번 뛰어 세기

> 돈을 꺼내 쓰면 줄어드니까 거꾸로 뛰어 세어.

쌍둥이 문제

2-1 하영이는 [※]상식 퀴즈 대회에 나갔습니다./ 기본 점수가 2500점이고/ 100점짜리 문제를 4번 연속으로 맞혔습니다./ 이때, 하영이의 점수는 몇 점인가요?

따라 풀기 ❶

문해력 어휘 📖
상식: 사람들이 보통 알고 있거나 알아야 하는 지식

❷

답 ＿＿＿＿＿＿＿＿＿＿＿

문해력 레벨 1

2-2 지아의 저금통에는 6500원이 들어 있었습니다./ 하루에 1000원씩 5일 동안 꺼내 썼다면/ 지아의 저금통에 남아 있는 돈은 얼마인가요?

스스로 풀기 ❶

❷

답 ＿＿＿＿＿＿＿＿＿＿＿

문해력 레벨 2

2-3 윤지는 어떤 수에서 100씩 거꾸로 3번 뛰어 세려고 했는데/ 잘못하여 1000씩 거꾸로 3번 뛰어 세어 5230이 되었습니다./ 윤지가 바르게 뛰어 세기 했다면 얼마가 나오나요?

스스로 풀기 ❶ 잘못 뛰어 세기 하기 전의 어떤 수 구하기

❷ 바르게 뛰어 세기 한 수 구하기

답 ＿＿＿＿＿＿＿＿＿＿＿

수학 문해력 기르기

관련 단원 네 자리 수

문해력 문제 3

혜빈이는 문구점에서 **3000원짜리 물건을 2개** 사려고 합니다./
혜빈이가 가지고 있는 돈이 **4000원**이라면/
더 필요한 돈은 얼마인가요?
└ 구하려는 것

해결 전략

> 문구점에서 물건을 사는 데 필요한 1000원짜리 지폐 수를 구하려면

❶ **3000원짜리 물건 2개의 값**은 1000원짜리 지폐로 몇 장과 같은지 구하고

❷ 가지고 있는 돈 **4000원**은 1000원짜리 지폐로 몇 장과 같은지 구한 다음

❸ (위 ❶에서 구한 지폐 수)−(위 ❷에서 구한 지폐 수)를 구하여 더 필요한 돈은 얼마인지 구한다.

문제 풀기

❶ 물건 2개의 값은 1000원짜리 지폐로 3+☐=☐(장)과 같다.

❷ 4000원은 1000원짜리 지폐로 ☐장과 같다.

❸ 따라서 1000원짜리 지폐 ☐−4=☐(장)이 더 필요하므로

더 필요한 돈은 ☐.☐원이다.

답 _____

문해력 레벨업

1000원짜리 지폐 수를 생각하여 더 필요한 돈을 구하자.

(예) 물건을 사기 위해 더 필요한 돈 구하기

물건값 5000원	🏦🏦🏦🏦🏦	→ 1000원짜리 지폐 **5**장
가지고 있는 돈 3000원	🏦🏦🏦	→ 1000원짜리 지폐 **3**장

물건을 사려면 **1000**원짜리 지폐 **5**−**3**=**2**(장)이 더 필요하다. → 더 필요한 돈: **2000**원

1주

쌍둥이 문제

3-1 주아는 편의점에서 4000원짜리 물건을 2개 사려고 합니다./ 주아가 가지고 있는 돈이 5000원이라면/ 더 필요한 돈은 얼마인가요?

따라 풀기 ❶

❷

❸

답 _____

문해력 레벨 1

3-2 수인이는 8500원을 가지고 있습니다./ 서점에서 6000원짜리 책을 1권 산다면/ 수인이에게 남는 돈은 얼마인가요?

스스로 풀기 ❶ 8500원은 1000원짜리 지폐로 몇 장, 100원짜리 동전으로 몇 개와 같은지 구하기

❷ 6000원은 1000원짜리 지폐로 몇 장과 같은지 구하기

❸ 남는 돈은 얼마인지 구하기

답 _____

문해력 레벨 2

3-3 지원이는 9000원을 가지고 있습니다./ 슈퍼마켓에서 3000원짜리 물건과 5000원짜리 물건을 1개씩 사고 나면/ 지원이에게 남는 돈은 얼마인가요?

스스로 풀기 ❶ 9000원은 1000원짜리 지폐로 몇 장과 같은지 구하기

❷ 물건 2개의 값은 1000원짜리 지폐로 몇 장과 같은지 구하기

❸ 남는 돈은 얼마인지 구하기

답 _____

수학 문해력 기르기

문해력 문제 4

은지는 1000원짜리 지폐 1장, 500원짜리 동전 2개, 100원짜리 동전 10개를 가지고 있습니다./
1500원짜리 공책 한 권을 살 때/
공책값에 꼭 맞게 돈을 낼 수 있는 방법은 모두 몇 가지인가요?
└ 구하려는 것

해결 전략

❶ 은지가 가지고 있는 돈으로 1500원을 내는 방법을 표를 이용하여 모두 찾은 후

❷ 위 ❶의 표에서 찾은 방법의 수를 세어 모두 몇 가지인지 구한다.

문제 풀기

❶ 1500원 만들기

	1000원	500원	100원
방법 1	1장	1개	0개
방법 2	1장	0개	
방법 3	0장	2개	
방법 4	0장	1개	

> **문해력 주의**
>
> 가지고 있는 동전이 500원짜리 2개, 100원짜리 10개이므로 이 개수보다 더 많이 사용하지 않도록 주의한다.

❷ 공책값을 낼 수 있는 방법: [ ] 가지

답 _____

문해력 레벨업

큰 금액의 돈을 작은 금액의 돈으로 바꾸어 낼 수 있는 방법을 찾자.

		1000원짜리 1장을 500원짜리 2개로 바꾸기
500원	500원	500원짜리 1개를 100원짜리 5개로 바꾸기
500원	100 100 100 100 100	500원짜리 1개를 100원짜리 5개로 바꾸기
100 100 100 100 100	100 100 100 100 100	

쌍둥이 문제

4-1 지우는 |000원짜리 지폐 2장, 500원짜리 동전 3개, |00원짜리 동전 5개를 가지고 있습니다./ 2000원짜리 머리핀 한 개를 살 때/ 머리핀값에 꼭 맞게 돈을 낼 수 있는 방법은 모두 몇 가지인가요?

따라 풀기 ❶ 2000원 만들기

	1000원	500원	100원
방법 1	2장	0개	0개

❷

답 _____

문해력 레벨 1

4-2 시원이는 ※민속놀이 준비물을 사러 마트에 갔습니다./ 윷은 2000원, 팽이는 |000원, 구슬은 500원입니다./ 시원이가 가지고 있는 돈 3000원에 꼭 맞게 사려고 할 때/ 준비물을 살 수 있는 방법은 모두 몇 가지인가요?/ (단, 물건은 5개씩 있습니다.)

스스로 풀기 ❶ 3000원에 꼭 맞게 준비물 사기

문해력 백과 📖

민속놀이: 옛날부터 전해져 내려오는 놀이. 각 지역의 생활 모습을 잘 나타낸다.

	윷	팽이	구슬
방법 1	1개	1개	0개

❷

답 _____

수학 문해력 기르기

문해력 문제 5

영우, 재아, 다미가 각각※통장에 저금한 돈을 알아보았습니다./
영우는 **8300원,**/ 재아는 **9020원,**/ 다미는 **8900원**일 때/
저금한 돈이 **가장 많은 사람은 누구**인가요?
└ 구하려는 것

해결 전략

❶ 세 사람이 통장에 저금한 금액 중
가장 (많은 , 적은) 금액을 찾는다.
└ 알맞은 말에 ○표 하기

❷ 위 ❶에서 답한 금액을 저금한 사람을 찾는다.

> 📖 **문해력 백과**
> 통장: 은행에서 돈을 저금하거나 찾을 때 그 내용을 기록해두는 것

문제 풀기

❶ 9020 > ☐ > ☐ 이므로

가장 많은 금액은 ☐ 원이다.

❷ 저금한 돈이 가장 많은 사람은 ☐ 이다.

답 _____

💡 **문해력 레벨업**

가장 큰 수를 찾아야 하는지, 가장 작은 수를 찾아야 하는지 정하자.

가장 많은	가장 적은
가장 긴	가장 짧은
가장 비싼	가장 싼
연도가 가장 늦은	연도가 가장 먼저/빠른
↓	↓
가장 큰 수를 찾는다.	**가장 작은 수를 찾는다.**

5-1 현욱이가 가지고 있는 색 테이프의 길이를 알아보았습니다./ 빨간색 테이프는 1250 cm,/ 파란색 테이프는 1310 cm,/ 노란색 테이프는 1230 cm일 때/ 가장 짧은 테이프는 무슨 색인가요?

따라 풀기 ❶

❷

답 _____

문해력 레벨 1

5-2 예지가 문구점에서 산 학용품의 가격은/ 색연필이 2300원,/ 연습장이 1800원,/ 스케치북이 2700원입니다./ 가장 비싼 것은 어느 것인가요?

스스로 풀기 ❶

❷

답 _____

문해력 레벨 2

5-3 승아는 우리나라에서 열린 대회 중에서 2002년 *월드컵,/ 1988년 *올림픽,/ 1986년 *아시안 게임을 조사하였습니다./ 승아가 조사한 대회들 중/ 먼저 열린 대회부터 차례로 쓰세요.

스스로 풀기 ❶ 연도 비교하기

문해력 백과 📖

월드컵: 1930년부터 4년마다 열리는 국제 축구 대회
올림픽: 1896년부터 4년마다 열리는 국제 운동 경기 대회
아시안 게임: 아시아 여러 나라의 평화를 목적으로 올림픽 중간 해에 4년마다 열리는 국제 운동 경기 대회

❷ 먼저 열린 대회부터 차례로 쓰기

답 _____

공부한 날
월
일

3일

^일 수학 문해력 기르기

관련 단원 네 자리 수

문해력 문제 6

종이에 네 자리 수가 적혀 있는데/ 백의 자리 숫자가 지워져서 보이지 않습니다./
종이에 적힌 수 5■73은 5890보다 큰 수일 때/
■가 될 수 있는 수를 구하세요.
└ 구하려는 것

해결 전략

❶ 두 수의 크기로 비교하는 문장을 > 또는 < 를 사용하여 나타낸다.

❷ 천, 백, 십의 자리 숫자를 차례로 비교하여
 └ ■가 있는 자리
 ■가 될 수 있는 수를 찾는다.

> **문해력 핵심**
> ■가 될 수 있는 수를 찾으려면 천의 자리 숫자부터 차례로 비교한다.

문제 풀기

❶ 5■73 ◯ 5890
 └ >, < 중 알맞은 것 쓰기

❷ • 천의 자리 숫자가 같으므로 백의 자리 숫자를 비교하면 ■ ◯ 8이다.

 • ■가 8도 될 수 있는지 확인해 보면

 5873 ◯ 5890이므로 ■는 8이 될 수 (있다 , 없다).
 └ 알맞은 말에 ◯표 하기

 따라서 ■가 될 수 있는 수는 ☐ 이다.

답 _____

문해력 레벨업

네 자리 수의 크기 비교에서 ■를 구할 때 ■가 있는 자리 숫자가 서로 같은 경우도 확인하자.

 12■4 > 1235

• 천, 백의 자리 숫자가 같으므로 십의 자리
 숫자를 비교하면 ■ > 3이다.
• ■가 3도 될 수 있는지 확인해 보면
 1234 < 1235이므로 ■는 3이 될 수 없다.
 └ >가 <로 방향이 바뀐다.

45■8 > 4562

• 천, 백의 자리 숫자가 같으므로 십의 자리
 숫자를 비교하면 ■ > 6이다.
• ■가 6도 될 수 있는지 확인해 보면
 4568 > 4562이므로 ■는 6도 될 수 있다.

쌍둥이 문제

6-1 종이에 네 자리 수가 적혀 있는데/ 십의 자리 숫자가 지워져서 보이지 않습니다./ 종이에 적힌 수 21■6은 2140보다 작은 수일 때/ ■가 될 수 있는 수를 모두 구하세요.

따라 풀기 ❶

❷

답 _____

문해력 레벨 1

6-2 서아가 가지고 있는 입장권 번호는 1543번입니다./ 서아보다 늦게 온 친구의 입장권 번호는 1■62번일 때/ ■가 될 수 있는 가장 작은 수를 구하세요./ (단, 입장권은 온 순서대로 받고, 입장권 번호는 네 자리 수입니다.)

스스로 풀기 ❶

문해력 핵심 🎓
먼저 온 친구보다 늦게 온 친구의 입장권 번호가 더 크다.

❷

❸ ■가 될 수 있는 가장 작은 수 구하기

답 _____

문해력 레벨 2

6-3 주하가 생각한 네 자리 수는 89■6입니다./ 이 수는 8960보다 큰 수이고/ 각 자리 숫자가 모두 다릅니다./ 주하가 생각한 수를 구하세요.

스스로 풀기 ❶ 수의 크기 비교하기

❷ ■가 될 수 있는 수 구하기

❸ ■가 될 수 있는 수를 찾아 주하가 생각한 수 구하기

답 _____

수학 문해력 기르기

문해력 문제 7

연아는 어린이※마라톤 대회에 참가합니다./
연아의 참가 번호는 **2000보다 크고 3000보다 작은 수** 중에서/
백의 자리 숫자는 5,/ **십의 자리 숫자는 3**,/
일의 자리 숫자는 천의 자리 숫자보다 3만큼 더 큰 수입니다./
연아의 참가 번호는 몇 번인가요?
└ 구하려는 것

해결 전략

┌ 천의 자리 숫자를 구하려면 ┐

❶ 2000보다 크고 3000보다 작은 수이므로
   천의 자리 숫자를 알 수 있고

┌ 일의 자리 숫자를 구하려면 ┐

❷ 위 ❶에서 구한 천의 자리 숫자보다 3만큼 더 큰 수를 일의 자리 숫자로 한다.

❸ 각 자리 숫자를 차례로 써서 연아의 참가 번호를 구한다.

📖 **문해력 백과**

마라톤: 정해진 거리를 달린 시간으로 순위를 겨루는 달리기 경기

문제 풀기

❶ 천의 자리 숫자: ☐

   ┐ +3

❷ 일의 자리 숫자: ☐ ◄┘

❸ 연아의 참가 번호: ☐ ☐ ☐ ☐ 번

답 _____

💡 **문해력 레벨업**

주어진 수의 범위를 이용하여 각 자리 숫자를 찾자.

(예) 4000보다 크고 5000보다 작은 수

↓

$4000 <$ ☐4 ☐ ☐ ☐ < 5000

↓

천의 자리 숫자: **4**

(예) 2300보다 크고 2400보다 작은 수

↓

$2300 <$ ☐2 ☐3 ☐ ☐ < 2400

↓

천의 자리 숫자: **2**, 백의 자리 숫자: **3**

쌍둥이 문제

7-1 예준이는 종이학을 접었습니다./ 예준이가 접은 종이학 수는 3000보다 크고 4000보다 작은 수 중에서/ 백의 자리 숫자는 0,/ 십의 자리 숫자는 2,/ 일의 자리 숫자는 천의 자리 숫자보다 4만큼 더 큰 수입니다./ 예준이가 접은 종이학은 몇 개인가요?

따라 풀기 ❶

❷

❸

답 _____

문해력 레벨 1

7-2 5600보다 크고 5700보다 작은 수 중에서/ 십의 자리 숫자가 4이고,/ 일의 자리 숫자가 백의 자리 숫자보다 큰 수를 모두 구하세요.

스스로 풀기 ❶ 천의 자리 숫자와 백의 자리 숫자 구하기

❷ 일의 자리 숫자가 될 수 있는 숫자 모두 구하기

❸ 조건을 만족하는 수 모두 구하기

답 _____

문해력 레벨 2

7-3 민재의 컴퓨터 비밀번호는/ 7500보다 크고 7600보다 작은 수 중에서/ 십의 자리 숫자는 3이고,/ 백의 자리 숫자와 일의 자리 숫자의 합은 9인 수입니다./ 민재의 컴퓨터 비밀번호를 구하세요.

스스로 풀기 ❶ 천의 자리 숫자와 백의 자리 숫자 구하기

❷ 일의 자리 숫자 구하기

❸ 조건을 만족하는 수를 구하여 민재의 컴퓨터 비밀번호 구하기

답 _____

공부한 날

월

일

4일

수학 문해력 기르기

문해력 문제 8

6장의 수 카드 1 , 1 , 2 , 2 , 3 , 3 중 4장을
한 번씩만 사용하여/ 십의 자리 숫자가 1인 네 자리 수를 만들려고 합니다./
만들 수 있는 수 중에서 가장 큰 수를 구하세요.
└ 구하려는 것

해결 전략

가장 큰 수를 만들어야 하니까

❶ 수 카드의 수의 크기를 비교한다.

❷ 십의 자리에 1을 놓은 다음
천의 자리부터 (큰 , 작은) 수를 차례로 놓아 가장 큰 네 자리 수를 만든다.
└ 알맞은 말에 ○표 하기

문해력 핵심

같은 수를 나타내는 카드가 2장씩 있으므로 네 자리 수를 만들 때 같은 수를 2장까지 사용할 수 있다.

문제 풀기

❶ 큰 수부터 차례로 쓰기: 3, 3, ☐ , ☐ , ☐ , ☐

천	백	십	일

❷ 십의 자리 숫자가 1인 가장 큰 네 자리 수: ☐☐☐☐

답 _____

문해력 레벨업

십의 자리 숫자가 1인 가장 큰/작은 수 만들기

예 1 , 1 , 2 , 2 를 한 번씩 사용하여 십의 자리 숫자가 1인 가장 큰 네 자리 수 만들기

① 십의 자리에 1을 놓고,
② 나머지 자리인 천, 백, 일의 자리에 큰 수부터 차례로 놓는다.

천 백 십 일
2 2 1 1
└ 십의 자리에 1을 놓기

예 1 , 1 , 2 , 2 를 한 번씩 사용하여 십의 자리 숫자가 1인 가장 작은 네 자리 수 만들기

① 십의 자리에 1을 놓고,
② 나머지 자리인 천, 백, 일의 자리에 작은 수부터 차례로 놓는다.

천 백 십 일
1 2 1 2
└ 십의 자리에 1을 놓기

쌍둥이 문제

8-1 6장의 수 카드 5 , 5 , 6 , 6 , 7 , 7 중 4장을 한 번씩만 사용하여/ 백의 자리 숫자가 7인 네 자리 수를 만들려고 합니다./ 만들 수 있는 수 중에서 가장 작은 수를 구하세요.

따라 풀기 ❶

❷

답 _____

문해력 레벨 1

8-2 6장의 수 카드 2 , 2 , 4 , 4 , 9 , 9 중 4장을 한 번씩만 사용하여/ 만들 수 있는 네 자리 수 중에서 둘째로 큰 수를 구하세요.

스스로 풀기 ❶ 수 카드의 수의 크기 비교하기

만들 수 있는 가장 큰 수를 먼저 구한 다음 둘째로 큰 수를 구해.

❷ 가장 큰 네 자리 수 구하기

❸ 둘째로 큰 네 자리 수 구하기

답 _____

문해력 레벨 2

8-3 윤재는 3 , 5 , 8 이 적힌 수 카드를 각각 2장씩 가지고 있습니다./ 윤재가 가지고 있는 수 카드 중 4장을 한 번씩만 사용하여/ 백의 자리 숫자가 5인 네 자리 수를 만들려고 합니다./ 만들 수 있는 수 중에서 둘째로 큰 수를 구하세요.

스스로 풀기 ❶ 수 카드의 수의 크기 비교하기

❷ 백의 자리 숫자가 5인 가장 큰 네 자리 수 구하기

❸ 백의 자리 숫자가 5인 둘째로 큰 네 자리 수 구하기

답 _____

수학 문해력 완성하기

관련 단원 네 자리 수

 뛰어 세는 규칙에 맞게/ ㉠에 들어갈 수 있는 수는 모두 몇 개인가요?

| 2695 | … | 3395 | 3495 | 3595 |

㉠   ㉡

해결 전략

뛰어 세는 규칙을 찾으려면 어느 자리 숫자가 몇씩 커지거나 작아지는지 알아보자.

예 12①0 — 12②0 — 12③0 — 12④0

십의 자리 숫자가 1씩 커진다. → **10**씩 뛰어 세는 규칙

※21년 하반기 18번 기출 유형

문제 풀기

❶ ㉡에서 뛰어 세는 규칙 찾기

(천 , 백 , 십)의 자리 숫자가 1씩 커지므로 [   ]씩 뛰어 세는 규칙이다.

❷ 위 ❶에서 찾은 규칙으로 뛰어 세어 ㉠에 들어갈 수 있는 수 구하기

| 2695 | [   ] | [   ] | [   ] | [   ] | [   ] |

| [   ] | 3395 | 3495 | 3595 |

❸ ㉠에 들어갈 수 있는 수는 모두 몇 개인지 구하기

㉠에 들어갈 수 있는 수는 모두 [ ]개이다.

답 _____

복습책 9~10쪽에 유사, 심화문제 제공

관련 단원 네 자리 수

네 자리 수의 크기를 비교한 것입니다./ ㉠과 ㉡에 들어갈 수 있는 수를 (㉠, ㉡)으로 나타내면/ 모두 몇 가지인가요?/ (단, ㉠과 ㉡이 같은 수여도 됩니다.)

$$㉠428 < 2㉡20$$

해결 전략

㉠은 천의 자리 숫자이므로 0이 될 수 없고,
㉠428이 2㉡20보다 작아야 하므로 ㉠이 될 수 있는 수는 I, 2이다.

※ 20년 하반기 20번 기출 유형

문제 풀기

❶ ㉠이 될 수 있는 수 구하기

㉠이 될 수 있는 수는 ☐, ☐이다.

❷ 나타낼 수 있는 (㉠, ㉡)을 모두 찾기

㉠=1인 경우: ㉡에는 ☐부터 ☐까지의 수가 들어갈 수 있다.

→ (1, ☐), (1, ☐), (1, ☐), (1, ☐), (1, ☐), (1, ☐), (1, ☐),

(1, ☐), (1, ☐), (1, ☐)

㉠=2인 경우: ㉡에는 ☐부터 ☐까지의 수가 들어갈 수 있다.

→ (2, ☐), (2, ☐), (2, ☐), (2, ☐), (2, ☐)

❸ (㉠, ㉡)은 모두 몇 가지인지 구하기

답 _____

관련 단원 네 자리 수

융합 **3** 지안이가 가지고 있는 돈으로/ 초콜릿을 몇 개까지 살 수 있나요?

지안이가 가지고 있는 돈

초콜릿값 1100원

해결 전략

예 한 권에 2000원인 공책 4권의 값을 구하려면 **2000**씩 뛰어 세기를 한다.

1권	2권	3권	4권
2000	4000	6000	8000

➡ 공책 4권의 값: 8000원

문제 풀기

❶ 지안이가 가지고 있는 돈은 얼마인지 구하기

지안이가 가지고 있는 돈은 [   ]원이다.

❷ 뛰어 세기를 이용하여 개수에 따른 초콜릿의 값 알아보기

1개	2개	3개	4개	5개
1100				

❸ 초콜릿을 몇 개까지 살 수 있는지 구하기

초콜릿을 [ ]개까지 살 수 있다.

답 _____

관련 단원 네 자리 수

건우와 서아는 |규칙|에 따라 게임을 합니다./ 두 사람이 주사위를 던져서 나온 눈이 아래와 같을 때/ 이긴 사람은 누구인가요?

┤ 규칙 ├

① 주사위를 4번 던져서 나온 눈의 수로 가장 큰 네 자리 수를 만듭니다.
② 만든 수가 더 큰 사람이 이깁니다.

건우

서아

해결 전략

예 로 가장 큰 네 자리 수 만들기

① 주사위 눈의 수를 숫자로 쓰면 ⚀ → 1, ⚁ → 2, ⚂ → 3, ⚃ → 4이다.
② 수의 크기를 비교하면 4 > 3 > 2 > 1이므로 가장 큰 네 자리 수는 4321이다.

문제 풀기

❶ 건우가 만들 수 있는 가장 큰 네 자리 수 구하기

건우가 던져서 나온 주사위의 눈의 수를 숫자로 쓰면 ☐, ☐, ☐, ☐이므로

가장 큰 네 자리 수를 만들면 ☐이다.

❷ 서아가 만들 수 있는 가장 큰 네 자리 수 구하기

서아가 던져서 나온 주사위의 눈의 수를 숫자로 쓰면 ☐, ☐, ☐, ☐이므로

가장 큰 네 자리 수를 만들면 ☐이다.

❸ 이긴 사람은 누구인지 구하기

답

수학 문해력 평가하기

문제를 읽고 조건을 표시하면서 풀어 봅니다.

10쪽 문해력 1

1 빨대가 1000개씩 2상자, 100개씩 15묶음, 10개씩 7묶음 있습니다. 빨대는 모두 몇 개인가요?

풀이

답 _____

12쪽 문해력 2

2 미진이의 저금통에 들어 있는 돈은 4300원입니다. 내일부터 하루에 1000원씩 3일 동안 저금을 한다면 저금통에 들어 있는 돈은 모두 얼마가 되나요?

풀이

답 _____

18쪽 문해력 5

3 마을에 사는 사람의 수가 가 마을은 2456명, 나 마을은 2500명, 다 마을은 1970명 입니다. 사람이 가장 많이 사는 마을은 어디인가요?

풀이

답 _____

12쪽 문해력 2

4 문구점에 공책이 4300권 있었습니다. 하루에 100권씩 5일 동안 팔렸다면 남은 공책은 몇 권인가요?

풀이

답 _____

18쪽 문해력 5

5 지아는 2007년, 연우는 2012년, 민서는 2008년에 태어났습니다. 가장 늦게 태어난 사람은 누구인가요?

풀이

답 _____

14쪽 문해력 3

6 현서는 문구점에서 2000원짜리 물건을 3개 사려고 합니다. 현서가 가지고 있는 돈이 5000원이라면 더 필요한 돈은 얼마인가요?

풀이

답 _____

22쪽 문해력 7

7 정국이가 타는 버스 번호는 1000보다 크고 2000보다 작은 수 중에서 백의 자리 숫자는 9, 십의 자리 숫자는 2, 일의 자리 숫자는 천의 자리 숫자보다 5만큼 더 큰 수입니다. 정국이가 타는 버스 번호는 몇 번인가요?

풀이

답 _____

16쪽 문해력 4

8 은하는 1000원짜리 지폐 1장, 500원짜리 동전 5개, 100원짜리 동전 5개를 가지고 있습니다. 3000원짜리 장난감 한 개를 살 때 장난감값에 꼭 맞게 돈을 낼 수 있는 방법은 모두 몇 가지인가요?

풀이

답 _____

20쪽 문해력 6

9 네 자리 수가 적혀 있는 종이에 십의 자리 숫자가 지워져서 보이지 않습니다. 종이에 적힌 수 65■2는 6570보다 작은 수일 때 ■가 될 수 있는 수를 모두 구하세요.

풀이

답 _____

24쪽 문해력 8

10 6장의 수 카드 3 , 3 , 6 , 6 , 9 , 9 중 4장을 한 번씩만 사용하여 백의 자리 숫자가 9인 네 자리 수를 만들려고 합니다. 만들 수 있는 수 중에서 가장 작은 수를 구하세요.

풀이

답 _____

2주

곱셈구구

우리는 같은 수로 묶여 있거나 배열된 물건의 전체 개수가 몇 개인지,
얻은 점수가 몇 점인지를 곱셈구구를 이용해서 구할 수 있어요.
이처럼 우리 생활 속에서 곱셈구구를 활용한 다양한 문제를 해결해 보아요.

이번 주에 나오는 **어휘 & 지식백과** 🔍

◎ 연산 문제가 어떻게 문장제가 되는지 알아봅니다.

1 $4 \times 2 = \boxed{}$ ≫ 예나는 한 묶음에 **4권**씩인 공책 **2묶음**을 가지고 있습니다.
예나가 가지고 있는 **공책은 모두 몇 권**인가요?

식 _____ $4 \times 2 = \boxed{}$

꼭! 단위까지 따라 쓰세요.

답 _____ 권

2 $2 \times 5 = \boxed{}$ ≫ 안경 한 개에 렌즈가 **2개**씩 있습니다.
안경 5개에 있는 렌즈는 모두 **몇 개**인가요?

└─ 렌즈

식 _____

답 _____ 개

3 $5 \times 6 = \boxed{}$ ≫ 농구공이 한 상자에 **5개**씩 들어 있습니다.
6상자에 들어 있는 농구공은 모두 **몇 개**인가요?

식 _____

답 _____ 개

4 $7 \times 8 =$ ☐ ≫ 보트 한 대에 학생을 **7명씩** 태우려고 합니다.
보트 8대에 태울 수 있는 학생은 모두 몇 명인가요?

출처: ©Ammit Jack/shutterstock

식 _____

꼭! 단위까지 따라 쓰세요.

답 _____ 명

5 $8 \times 9 =$ ☐ ≫ 문어 한 마리의 다리는 **8개**입니다.
문어 9마리의 다리는 모두 몇 개인가요?

식 _____

답 _____ 개

6 $9 \times 7 =$ ☐ ≫ 요한이는 윗몸 일으키기를 매일 **9개씩** 했습니다.
7일 동안 한 윗몸 일으키기 횟수는 모두 몇 개인가요?

식 _____

답 _____ 개

7 $3 \times 4 =$ ☐ ≫ 자전거 보관소에 세발자전거가 **4대** 있습니다.
자전거 보관소에 있는 **세발자전거의 바퀴**는 모두 몇 개인가요?

식 _____

답 _____ 개

공부한 날   월   일

준비
학습

37

◯ 간단한 문장제를 풀어 봅니다.

1 달걀이 한 줄에 **4개씩 5줄**로 놓여 있습니다.
달걀은 모두 몇 개인가요?

식 _____   답 _____

2 시장에서 한 봉지에 **5개씩** 들어 있는 꽈배기를 **2봉지** 샀습니다.
시장에서 산 **꽈배기는 모두 몇 개**인가요?

식 _____   답 _____

3 만화책을 책꽂이 한 칸에 **7권씩** 꽂으려고 합니다.
책꽂이 3칸에 꽂을 만화책은 모두 몇 권인가요?

식 _____   답 _____

4 접시 한 개에 약과가 **2개씩** 놓여 있습니다.
접시 **7개**에 놓여 있는 약과는 모두 몇 개인가요?

식 _____ 답 _____

5 벽돌을 한 층에 **3개씩** 쌓고 있습니다.
9층까지 쌓았다면 쌓은 벽돌은 모두 몇 개인가요?

식 _____ 답 _____

6 쿠키 한 개에 초코칩을 **9개씩** 올려 놓으려고 합니다.
쿠키 **6개**에 올려 놓을 초코칩은 모두 몇 개인가요?

식 _____ 답 _____

7 한 장의 길이가 **8 cm**인
색 테이프 **8장**을 겹치지 않게 한 줄로 길게 이어 붙였습니다.
이어 붙인 색 테이프의 전체 길이는 몇 **cm**인가요?

식 _____ 답 _____

준비
학습

관련 단원 곱셈구구

문해력 문제 1

소혜는 문제집을 한 권 사서/ 하루에 **8**쪽씩 **8**일 동안 풀었더니/

6쪽이 남았습니다./

문제집의 전체 쪽수는 몇 쪽인가요?

└ 구하려는 것

해결 전략

> 8일 동안 푼 문제집 쪽수를 구하려면

❶ (하루에 푼 문제집 쪽수) ◯ **8**을 구하고

└ +, −, × 중 알맞은 것 쓰기

> 문제집의 전체 쪽수를 구하려면

❷ (8일 동안 푼 문제집 쪽수) ◯ (남은 쪽수)를 구한다.

└ 위 ❶에서 구한 쪽수

문제 풀기

❶ (8일 동안 푼 문제집 쪽수)

$=8 \times 8 =$ ☐ (쪽)

❷ (문제집의 전체 쪽수)

$=$ ☐ $+6=$ ☐ (쪽)

답 _____

문해력 레벨업

곱셈식을 만든 후 구하려는 것에 따라 합 또는 차를 구하자.

예 사탕을 2개씩 3봉지에 담고, 남은 사탕이 1개 일 때 전체 사탕 수 구하기

> 먼저 구해야 할 것

사탕 2개씩 3봉지 **+** 남은 사탕 수 1개

예 사탕 9개를 2개씩 3봉지에 담았을 때 남은 사탕 수 구하기

> 먼저 구해야 할 것

전체 사탕 수 9개 **−** 사탕 2개씩 3봉지

쌍둥이 문제

1-1 대휘는 **9**살입니다./ 아버지의 나이는 대휘 나이의 **5**배보다 **4**살 더 많습니다./ 아버지의 나이는 몇 살인가요?

따라 풀기 ❶

❷

답 _____

문해력 레벨 1

1-2 유라네 가족은 중국 여행 중 *월병을 **60**개 샀습니다./ 주변 사람들에게 나누어 주려고/ 한 봉지에 **6**개씩 **7**봉지를 포장했다면/ 남은 월병은 몇 개인가요?

스스로 풀기 ❶

출처: ©JIANG HONGYAN/
shutterstock

문해력 어휘 📖

월병: 중국 사람들이
추석에 만들어 먹는
둥근 밀가루 과자

❷

답 _____

문해력 레벨 2

1-3 지성이는 한 봉지에 **7**개씩 들어 있는 귤을 **3**봉지 샀고,/ 배는 귤보다 **9**개 더 많이 샀습니다./ 지성이가 산 귤과 배는 모두 몇 개인가요?

스스로 풀기 ❶ 산 귤의 수 구하기

❷ 산 배의 수 구하기

❸ 지성이가 산 귤과 배의 수 구하기

답 _____

수학 문해력 기르기

관련 단원 **곱셈구구**

문해력 문제 2

한 봉지에 **2개씩** 들어 있는 쿠키가/
상자마다 **2봉지씩** 있습니다./
6상자에 들어 있는 **쿠키**는 모두 몇 개인가요?
└ 구하려는 것

해결 전략

┌ 한 상자에 들어 있는 쿠키 수를 구하려면
❶ (한 봉지에 들어 있는 쿠키 수) ◯ (한 상자에 들어 있는 봉지 수)를 구하고
└ +, −, × 중 알맞은 것 쓰기

┌ 6상자에 들어 있는 쿠키 수를 모두 구하려면
❷ (한 상자에 들어 있는 쿠키 수) ◯ **6**을 구한다.
└ 위 ❶에서 구한 쿠키 수

문제 풀기

❶ (한 상자에 들어 있는 쿠키 수)＝2× ☐ ＝ ☐ (개)

❷ (6상자에 들어 있는 쿠키 수)＝ ☐ ×6＝ ☐ (개)

답 _____

문해력 레벨업

주어진 조건으로 곱셈구구를 이용하여 전체 수를 구하자.

예 한 봉지에 **3개씩** 들어 있는 젤리가 한 상자에 **2봉지씩 4상자** 있습니다.

한 봉지   한 상자   4상자

      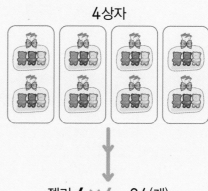

젤리 **3**개   2봉지

젤리 **3** × **2**＝**6**(개)   젤리 **6** × **4**＝**24**(개)

쌍둥이 문제

2-1 청하는 한 상자에 3개씩 3줄로 들어 있는/ ※타르트를 4상자 샀습니다./ 청하가 산 타르트는 모두 몇 개인가요?

따라 풀기 ❶

문해력 어휘 📖
타르트: 밀가루로 된 반죽을 접시에 얇게 펴서 구운 다음, 과일을 그 위에 얹거나 사이에 넣은 음식

❷

답 _____

문해력 레벨 1

2-2 어느 사슴 농장의 ※우리 한 곳에 사슴이 2마리씩 있습니다./ 우리 5곳에 있는 사슴의 다리는 모두 몇 개인가요?

스스로 풀기 ❶

문해력 어휘 📖
우리: 동물을 가두어 기르는 곳

❷

답 _____

문해력 레벨 2

2-3 종현이는 가지고 있던 나무 블록을/ 한 층에 2개씩 3줄로 쌓았습니다./ 6층까지 쌓고/ 남은 나무 블록이 4개라면/ 종현이가 가지고 있던 나무 블록은 모두 몇 개인가요?

스스로 풀기 ❶ 한 층에 쌓은 나무 블록 수 구하기

❷ 6층까지 쌓은 나무 블록 수 구하기

❸ 종현이가 가지고 있던 나무 블록 수 구하기

답 _____

관련 단원 곱셈구구

문해력 문제 3

5단 곱셈구구의 값 중/
4 × 9보다 큰 수를 모두 구하세요.
└ 구하려는 것

해결 전략

❶ 5단 곱셈구구의 값을 모두 구하고

❷ 4 × 9의 값을 구해서

❸ 위 ❶에서 구한 수 중 ❷에서 계산한 값보다 큰 수를 모두 구한다.

문제 풀기

❶ 5단 곱셈구구의 값을 작은 수부터 차례로 쓰기

5단 곱셈구구의 값: 5, 10, 15, 20, _____

❷ 4 × 9 = ◻

❸ 위 ❶에서 쓴 수 중에서 4 × 9보다 큰 수 모두 구하기

5단 곱셈구구의 값 중 4 × 9보다 큰 수: _____

답 _____

문해력 레벨업

문제에 주어진 조건의 순서대로 구하자.

예

2단 곱셈구구의 값 중
❶ 2단 곱셈구구의 값 모두 구하기

3 × 3보다
❷ 3 × 3 계산하기

작은 수를 모두 구하세요.
❸ ❶에서 구한 수 중 ❷에서 계산한 값보다 작은 수 모두 구하기

쌍둥이 문제

3-1 4단 곱셈구구의 값 중/ 3×7보다 큰 수를 모두 구하세요.

따라 풀기 ❶

❷

❸

답 _____

문해력 레벨 1

3-2 6단 곱셈구구의 값 중/ 5×4보다 작은 수를 모두 구하세요.

스스로 풀기 ❶

❷

❸

답 _____

문해력 레벨 2

3-3 7단 곱셈구구의 값 중/ 6×4보다 크고/ 8×5보다 작은 수를 모두 구하세요.

스스로 풀기 ❶ 7단 곱셈구구의 값을 작은 수부터 차례로 쓰기

❷ 6×4, 8×5 계산하기

❸ 위 ❶에서 쓴 수 중에서 6×4보다 크고 8×5보다 작은 수 모두 구하기

답 _____

수학 문해력 기르기

문해력 문제 4

주연이네 반 남학생은 한 모둠에 **5명씩** **3모둠**이고,/
여학생은 한 모둠에 **9명씩** **2모둠**입니다./
남학생과 여학생 중 어느 학생이 더 많은가요?
└ 구하려는 것

해결 전략

남학생 수를 구하려면

❶ (한 모둠에 있는 남학생 수) ◯ (남학생의 모둠 수)를 구하고
└•+, −, × 중 알맞은 것 쓰기

여학생 수를 구하려면

❷ (한 모둠에 있는 여학생 수) ◯ (여학생의 모둠 수)를 구하여

어느 학생이 더 많은지 구하려면

❸ 위 ❶과 ❷에서 구한 두 수의 크기를 비교한다.

- -

문제 풀기

❶ (남학생 수)=5×3= ☐ (명)

❷ (여학생 수)=9× ☐ = ☐ (명)

❸ 남학생 수 여학생 수
☐ ◯ ☐ 이므로 (남학생 , 여학생)이 더 많다.
└•>, < 중 알맞은 것 쓰기 └•알맞은 말에 ○표 하기

답 _____

문해력 레벨업

더 많은 것을 찾을 때는 더 큰 수를 찾는다.

~ 중 어느 것이 더 많은가요?	~ 중 어느 것이 더 적은가요?
↓	↓
더 큰 수를 찾는다.	더 작은 수를 찾는다.

• 정답과 해설 8쪽
복습책 14쪽에 유사, 심화문제 제공

쌍둥이 문제

4-1 ※한자를 민현이는 하루에 4글자씩 7일 동안 외웠고,/ 소희는 하루에 6글자씩 5일 동안 외웠습니다./ 민현이와 소희 중 한자를 더 많이 외운 사람은 누구인가요?

따라 풀기 ❶

❷

❸

문해력 어휘
한자: 고대 중국에서 만들어져 오늘날에도 쓰이고 있는 문자

답 ____________

문해력 레벨 1

4-2 튤립은 꽃병 한 개에 8송이씩 4개의 꽃병에 꽂고,/ 장미는 꽃병 한 개에 6송이씩 7개의 꽃병에 꽂았습니다./ 튤립과 장미 중 어느 꽃이 더 적게 꽂혀 있나요?

스스로 풀기 ❶

❷

❸

답 ____________

문해력 레벨 2

4-3 나영이는 전체 쪽수가 60쪽인 책을/ 매일 3쪽씩 4일 동안 읽었고,/ 우진이는 전체 쪽수가 56쪽인 책을/ 매일 2쪽씩 5일 동안 읽었습니다./ 나영이와 우진이 중 읽고 남은 쪽수가 더 많은 사람은 누구인가요?

스스로 풀기 ❶ 나영이가 읽고 남은 쪽수 구하기

❷ 우진이가 읽고 남은 쪽수 구하기

❸ 남은 쪽수 비교하기

답 ____________

수학 문해력 기르기

문해력 문제 5

7과 어떤 수의 곱은/ 48보다 큽니다./
1부터 9까지의 수 중에서/
어떤 수가 될 수 있는 수는 모두 몇 개인가요?
└ 구하려는 것

해결 전략

어떤 수가 될 수 있는 수를 구하려면

❶ 7단 곱셈구구의 값을 모두 구하고
값이 48보다 큰 곱셈구구를 찾은 다음

❷ 위 ❶에서 어떤 수가 될 수 있는 수의 개수를 센다.

문제 풀기

❶ 7단 곱셈구구의 값을 구하고 값이 48보다 큰 수에 ○표 하기

×	1	2	3	4	5	6	7	8	9
7	7	14	21	28					

❷ 어떤 수가 될 수 있는 수는 ☐ , ☐ , ☐ 이므로 모두 ☐ 개이다.

답 _____

문해력 레벨업

어떤 수와 곱하는 수의 곱셈구구를 이용하자.

4와 어떤 수의 곱	어떤 수와 7의 곱
↓	↓
4×(어떤 수)	(어떤 수)×7=7×(어떤 수)
↓	↓
4단 곱셈구구를 이용할 수 있다.	7단 곱셈구구를 이용할 수 있다.

• 정답과 해설 **8쪽**

🎓 복습책 15쪽에 유사, 심화문제 제공

5-1 4와 어떤 수의 곱은/ 23보다 큽니다./ 1부터 9까지의 수 중에서/ 어떤 수가 될 수 있는 수는 모두 몇 개인가요?

따라 풀기

×	1	2	3	4	5	6	7	8	9

❷

답 _____

문해력 레벨 1

5-2 6과 어떤 수의 곱은/ 30보다 작습니다./ 1부터 9까지의 수 중에서/ 어떤 수가 될 수 있는 수는 모두 몇 개인가요?

스스로 풀기

×	1	2	3	4	5	6	7	8	9

❷

답 _____

문해력 레벨 2

5-3 어떤 수와 9의 곱은/ 50보다 작습니다./ 1부터 9까지의 수 중에서/ 어떤 수가 될 수 있는 수는 모두 몇 개인가요?

스스로 풀기 ❶ 9단 곱셈구구의 값을 구하고 값이 50보다 작은 수에 ○표 하기

×	1	2	3	4	5	6	7	8	9

❷ 위 ❶에서 어떤 수가 될 수 있는 수의 개수 세기

답 _____

3^일 수학 문해력 기르기

문해력 문제 6

어떤 수에 7을 곱해야 할 것을/
잘못하여 더했더니 15가 되었습니다./
바르게 계산한 값은 얼마인가요?
└ 구하려는 것

해결 전략

❶ 잘못 계산한 (덧셈식 , 뺄셈식)을 세우고
└ 알맞은 말에 ○표 하기

어떤 수를 구하려면

❷ 위 ❶에서 세운 식으로 어떤 수를 구해

바르게 계산한 값을 구하려면

❸ (위 ❷에서 구한 어떤 수)×☐ 을 계산한다.

문제 풀기

+, −, × 중 알맞은 것 쓰기

❶ 잘못 계산한 식: (어떤 수) ◯ 7=15

❷ (어떤 수)=15−☐=☐

❸ (바르게 계산한 값)=☐×7=☐

답 _____

문해력 레벨업

먼저 잘못 계산한 식을 세워 어떤 수를 구하자.

바르게 계산   잘못 계산

예 어떤 수에 2를 곱해야 할 것을 잘못하여 더했더니 5가 되었습니다. 바르게 계산한 값은?

해결 순서

잘못 계산한 식 세우기	(어떤 수)+2=5
어떤 수 구하기	(어떤 수)=5−2=3
바르게 계산하기	(어떤 수)×2=3×2=6

쌍둥이 문제

6-1 어떤 수에 6을 곱해야 할 것을/ 잘못하여 더했더니 12가 되었습니다./ 바르게 계산한 값은 얼마인가요?

따라 풀기 ❶

❷

❸

답 _____

문해력 레벨 1

6-2 어떤 수에 3을 더해야 할 것을/ 잘못하여 곱했더니 24가 되었습니다./ 바르게 계산한 값은 얼마인가요?

스스로 풀기 ❶

❷

❸

답 _____

문해력 레벨 2

6-3 어떤 수에 4씩 2번 뛰어 센 수를 곱해야 할 것을/ 잘못하여 9를 곱했더니 81이 되었습니다./ 바르게 계산한 값은 얼마인가요?

스스로 풀기 ❶ 잘못 계산한 식 세우기

❷ 어떤 수 구하기

❸ 4씩 2번 뛰어 센 수를 구해 바르게 계산한 값 구하기

답 _____

문해력 문제 7

4장의 수 카드 2 , 3 , 5 , 7 중에서/

2장을 뽑아/ 수 카드에 적힌 **두 수의 곱**을 구하려고 합니다./

나올 수 있는 가장 작은 곱은 얼마인지 구하세요.

└ 구하려는 것

해결 전략

❶ 주어진 **수 카드의 수의 크기**를 비교하고

    나올 수 있는 가장 작은 곱을 구하려면

❷ (가장 작은 수) ◯ (두 번째로 작은 수)를 구한다.

    └ +, −, × 중 알맞은 것 쓰기

문제 풀기

❶ 수의 크기 비교: ☐ < ☐ < 5 < 7

❷ 나올 수 있는 가장 작은 곱:

    2 × ☐ = ☐

    답 _____

문해력 레벨업

곱하는 두 수가 작을수록 곱이 작아지고, 곱하는 두 수가 클수록 곱이 커진다.

예 4장의 수 카드 2 , 3 , 4 , 5 중에서 2장을 뽑아 수 카드에 적힌 두 수의 곱 구하기

나올 수 있는 가장 작은 곱	나올 수 있는 가장 큰 곱
(가장 작은 수) × (두 번째로 작은 수)	(가장 큰 수) × (두 번째로 큰 수)
2 3	5 4

복습책 17쪽에 유사, 심화문제 제공

쌍둥이 문제

7-1 4장의 수 카드 | 4 |, | 6 |, | 3 |, | 7 | 중에서/ 2장을 뽑아/ 수 카드에 적힌 두 수의 곱을 구하려고 합니다./ 나올 수 있는 가장 작은 곱은 얼마인지 구하세요.

따라 풀기 ❶

❷

답 _____

문해력 레벨 1

7-2 4장의 수 카드 | 2 |, | 4 |, | 9 |, | 7 | 중에서/ 2장을 뽑아/ 수 카드에 적힌 두 수의 곱을 구하려고 합니다./ 나올 수 있는 가장 큰 곱은 얼마인지 구하세요.

스스로 풀기 ❶

❷

답 _____

문해력 레벨 2

7-3 3장의 수 카드 | 1 |, | 6 |, | | 중/ 한 장은 뒤집혀서 수가 보이지 않습니다./ 이 중에서 2장을 뽑아/ 수 카드에 적힌 두 수의 곱을 구했더니 5가 되었습니다./ 위의 수 카드에서 다시 2장을 뽑아 곱했을 때/ 나올 수 있는 가장 큰 곱은 얼마인지 구하세요.

스스로 풀기 ❶ 뒤집힌 카드에 적힌 수 구하기

뒤집힌 카드와
어떤 카드의 수의
곱이 5가 되는지를
생각해 봐.

❷ 수 카드의 수의 크기 비교하기

❸ 나올 수 있는 가장 큰 곱 구하기

답 _____

문해력 문제 8

운동장에 재환이네 반 학생들이 한 줄에 **8명**씩 **3줄**로 서 있습니다./
이 학생들이 한 줄에 **6명**씩 다시 선다면/
몇 줄이 되나요?
└ 구하려는 것

해결 전략

재환이네 반 학생 수를 구하려면

➊ (한 줄에 서 있는 학생 수) ◯ (줄 수)를 구하고
　+, −, × 중 알맞은 것 쓰기

한 줄에 6명씩 다시 설 때 재환이네 반 학생 수를 구하는 식을 쓰려면

➋ 6×(다시 선 줄 수)=(위 ➊에서 구한 재환이네 반 학생 수)로 식을 쓰고

➌ ☐ 단 곱셈구구를 이용하여 다시 선 줄 수를 구한다.

문제 풀기

➊ (재환이네 반 학생 수)=8×3= ☐ (명)

➋ 한 줄에 6명씩 설 때 재환이네 반 학생 수를 구하는 식 쓰기

다시 선 줄 수를 ■라 하면 6×■= ☐ 이다.

┌ 6단 곱셈구구
➌ 6× ☐ =24이므로 ■= ☐ 이다.

문해력 핵심
6과 곱해서 24가 되는 수를 찾는다.

➡ 다시 선 줄 수: ☐ 줄

답 _____

문해력 레벨업

곱이 같은 여러 가지 곱셈식을 세울 수 있다.

	12		
3	3	3	3

3×4=12

같음.

| 2 | 2 | 2 | 2 | 2 | 2 |

2×6=12

쌍둥이 문제

8-1 냉장고에 ※스무디가 한 줄에 **3**병씩 **6**줄로 놓여 있습니다./ 이 스무디를 한 줄에 **2**병씩 다시 놓는다면/ 몇 줄이 되나요?

출처: ©Julia Sudnitskaya /shutterstock

따라 풀기 ❶

문해력 어휘 📖
스무디: 과일, 주스, 요구르트 등을 함께 갈아 만든 음료

❷ 한 줄에 2병씩 놓을 때 전체 스무디 수를 구하는 식 쓰기

❸

답 _____

문해력 레벨 1

8-2 채연이가 가지고 있는 공깃돌을 한 줄에 **7**개씩 **9**줄로 놓으면/ **1**개가 남습니다./ 이 공깃돌을 한 줄에 **8**개씩 다시 놓는다면/ 몇 줄이 되나요?

스스로 풀기 ❶ 전체 공깃돌 수 구하기

❷ 한 줄에 8개씩 놓을 때 전체 공깃돌 수를 구하는 식 쓰기

❸ 다시 놓는 줄 수 구하기

답 _____

수학 문해력 완성하기

관련 단원 곱셈구구

기출 1 |보기|와 같은 규칙에 따라/ ㉠과 ㉡에 알맞은 수의 곱을 구하세요.

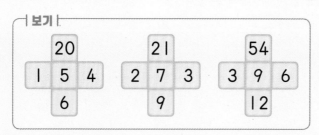

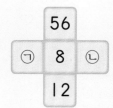

해결 전략

```
      2
   1  3  4
      6
```

모양에서 규칙 찾기

❶ (왼쪽 수)＋(가운데 수)＝(오른쪽 수)

❷ (위쪽 수)×(가운데 수)＝(아래쪽 수)

※18년 하반기 21번 기출 유형

문제 풀기

❶ ㉠에 알맞은 수 구하기

알맞은 말에 ○표 하기

|보기|에서 **왼쪽 수 ＋ 가운데 수** ＝(위쪽 , 아래쪽) 수이므로

㉠＋8＝□ , ㉠＝□ －8＝□ 이다.

❷ ㉡에 알맞은 수 구하기

|보기|에서 **오른쪽 수 × 가운데 수** ＝(위쪽 , 아래쪽) 수이므로

㉡×8＝□ 에서 7×8＝□ 이므로 ㉡＝□ 이다.

❸ ㉠과 ㉡에 알맞은 수의 곱 구하기

㉠×㉡＝□ ×□ ＝□

답 ＿＿＿＿＿＿＿＿＿＿

복습책 19~20쪽에 유사, 심화문제 제공

관련 단원 곱셈구구

기출 2 보나와 유나는 같은 해 같은 날 태어난 ※쌍둥이입니다./ 보나, 유나, 아빠 세 사람의 나이의 합은 **48**살이고,/ 아빠의 나이는 보나 나이의 **6**배입니다./ 보나의 나이는 몇 살인지 구하세요.

해결 전략

• ■+■ ➡ ■가 2개 ➡ ■×2
• ■+(■×2) ➡ ■+■+■ ➡ ■가 3개 ➡ ■×3

※17년 하반기 20번 기출 유형

문제 풀기

❶ 세 사람의 나이의 합을 하나의 식으로 쓰기

보나의 나이를 ■라 하면

(유나의 나이)=■,

(아빠의 나이)=■× ☐ ,

(세 사람의 나이의 합)=■+■+(■× ☐)= ☐

❷ 위 ❶에서 나타낸 식을 이용하여 보나의 나이 구하기

■+■+(■× ☐)=48, ■× ☐ =48, ■= ☐

➡ (보나의 나이)= ☐ 살

문해력 어휘
쌍둥이: 한 어머니에게서 한꺼번에 태어난 두 아이

답 _____

창의 3

9명의 학생이 가위바위보를 했습니다./ 3명의 학생은 가위를 내고,/ 4명의 학생은 바위를 내고,/ 2명의 학생은 보를 냈습니다./ 9명의 학생이 펼친 손가락은 모두 몇 개인가요?

가위   바위   보

해결 전략

펼친 손가락 수: **2개**

가위

펼친 손가락 수: **0개**

바위

펼친 손가락 수: **5개**

보

문제 풀기

❶ 같은 것을 낸 모든 학생들이 펼친 손가락 수 구하기

펼친 손가락 수 학생 수

(가위를 낸 모든 학생들이 펼친 손가락 수) $= 2 \times \boxed{} = \boxed{}$ (개)

(바위를 낸 모든 학생들이 펼친 손가락 수) $= \boxed{} \times \boxed{} = \boxed{}$ (개)

(보를 낸 모든 학생들이 펼친 손가락 수) $= \boxed{} \times \boxed{} = \boxed{}$ (개)

❷ 9명의 학생이 펼친 손가락 수 구하기

(9명의 학생이 펼친 손가락 수) $= \boxed{} + \boxed{} + \boxed{} = \boxed{}$ (개)

답 _____

관련 단원 곱셈구구

 채원이가 민속촌에서 [※]투호를 했습니다./ 화살을 하나 넣을 때마다 **5**점씩 얻기로 하고/ 화살을 **10**개 던졌습니다./ 채원이의 점수가 **40**점일 때/ 채원이가 넣지 못한 화살은 몇 개인가요?

해결 전략

· 화살을 하나 넣을 때마다 **5**점씩 얻기로 하고 ➡ **5**단 곱셈구구를 이용해 필요한 식을 세우자.
· 화살을 **10**개 던졌습니다. ➡ (넣지 못한 화살 수)=**10**−(넣은 화살 수)

문제 풀기

❶ 채원이가 넣은 화살 수를 ■라 하여 얻은 점수에 대한 식 세우기

(채원이가 얻은 점수)=$5 \times ■ = \boxed{}$

❷ 위 ❶에서 세운 식을 이용하여 채원이가 넣은 화살 수 구하기

$5 \times \boxed{} = 40$이므로 ■=$\boxed{}$이다.

➡ (채원이가 넣은 화살 수)=$\boxed{}$개

❸ 채원이가 넣지 못한 화살 수 구하기

(채원이가 넣지 못한 화살 수)=$10 - \boxed{} = \boxed{}$(개)

문해력 백과 📖
투호: 옛날에 궁궐 안이나 양반집에서 항아리에 화살을 던져 넣던 놀이

답 _____

5일

문제를 읽고 조건을 표시하면서 풀어 봅니다.

40쪽 문해력 1

1 태권도장에 여학생은 9명 있고, 남학생은 여학생 수의 3배보다 5명 더 많이 있습니다. 태권도장에 있는 남학생은 몇 명인가요?

풀이

답 _____

42쪽 문해력 2

2 한 봉지에 단춧구멍이 2개인 단추가 3개씩 들어 있습니다. 7봉지에 들어 있는 단추의 단춧구멍은 모두 몇 개인가요?

풀이

답 _____

46쪽 문해력 4

3 지현이는 한 봉지에 3개씩 들어 있는 *달고나를 8봉지 샀고, 민호는 한 봉지에 5개씩 들어 있는 달고나를 5봉지 샀습니다. 지현이와 민호 중 달고나를 더 많이 산 사람은 누구인가요?

풀이

답 _____

문해력 어휘 📖

달고나: 불 위에 국자를 올리고 거기에 설탕과 소다를 넣어 만든 과자

44쪽 문해력 3

4 9단 곱셈구구의 값 중 8 × 4보다 작은 수를 모두 구하세요.

풀이

답 _____

48쪽 문해력 5

5 8과 어떤 수의 곱은 45보다 큽니다. 1부터 9까지의 수 중에서 어떤 수가 될 수 있는 수는 모두 몇 개인가요?

풀이

×	1	2	3	4	5	6	7	8	9

답 _____

50쪽 문해력 6

6 어떤 수에 9를 곱해야 할 것을 잘못하여 더했더니 18이 되었습니다. 바르게 계산한 값은 얼마인가요?

풀이

답 _____

52쪽 문해력 7

7 4장의 수 카드 5 , 9 , 7 , 8 중에서 2장을 뽑아 수 카드에 적힌 두 수의 곱을 구하려고 합니다. 나올 수 있는 가장 작은 곱은 얼마인지 구하세요.

풀이

답 _____

54쪽 문해력 8

8 희현이네 가족은 캠핑장에서 고구마를 구웠습니다. 고구마를 한 번에 4개씩 4번 구웠고 이 고구마를 주변 사람들에게 나누어 주려고 합니다. 한 사람에게 2개씩 나누어 준다면 몇 명에게 나누어 줄 수 있나요?

풀이

답 _____

50쪽 문해력 **6**

9 어떤 수에 8을 더해야 할 것을 잘못하여 곱했더니 56이 되었습니다. 바르게 계산한 값은 얼마인가요?

풀이

답 _____

54쪽 문해력 **8**

10 연지가 구운※머랭 쿠키를 한 줄에 6개씩 7줄로 놓으면 3개가 남습니다. 이 머랭 쿠키를 한 줄에 5개씩 다시 놓는다면 몇 줄이 되나요?

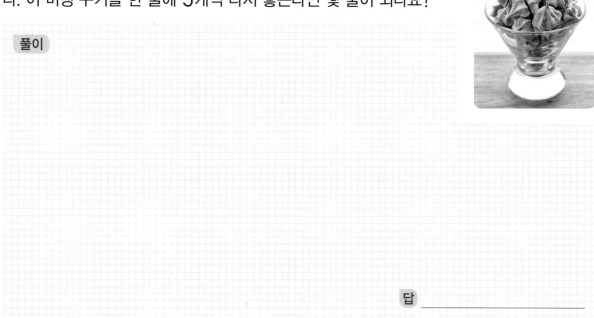

풀이

답 _____

문해력 어휘 📖

머랭: 달걀흰자에 설탕을 조금씩 넣어 가며 세게 저어 거품을 낸 것

시각과 시간

시각과 시간은 몇 시간 후가 몇 시인지 몇 일 후는 무슨 요일인지 알아볼
때와 같이 우리 생활 속에서 많이 사용되고 있어요.
여러 가지 방법으로 시각 읽기, 하루의 시간 알아보기, 달력 알아보기 등
배운 내용을 생각하여 문제를 해결해 보아요.

이번 주에 나오는 어휘 & 지식백과 🔍

70쪽 **뮤지컬** (musical)
노래와 무용, 연극이 합해진 형태로 주로 큰 무대에서 볼 수 있다.

71쪽 **조깅** (jogging)
건강을 위해 자기의 몸에 알맞은 속도로 천천히 달리는 운동

73쪽 **다큐멘터리** (documentary)
실제로 있었던 어떤 일을 사실적으로 보여 주는 영상이나 기록

79쪽 **운행** (運 운전할 운, 行 다닐 행)
정해진 길을 따라 차를 운전하여 다님.

85쪽 **첫돌**
아기가 태어나서 처음 맞는 생일이나 어떤 일이 일어난 후 일 년이 되는 날

85쪽 **출국** (出 날 출, 國 나라 국)
자기 나라 또는 남의 나라 밖으로 나감.

85쪽 **입국** (入 들 입, 國 나라 국)
자기 나라 또는 남의 나라 안으로 들어감.

문해력 기초 다지기

◐ 기초 문제가 어떻게 문장제가 되는지 알아봅니다.

1 시계에서 각각의 숫자가 몇 분을 나타내는지 써넣기

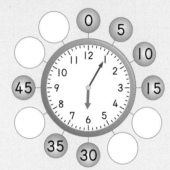

≫ 긴바늘이 가리키는 숫자가 **5**이면 몇 분을 나타내나요?

꼭! 단위까지 따라 쓰세요.

답 _____ 분

2 시각을 두 가지 방법으로 읽기

| □ | 시 | □ | 분 |

| □ | 시 | □ | 분 전 |

≫ **9시 50분**은 몇 시 몇 분 전인가요?

답 _____ 시 _____ 분 전

3 시계가 나타내는 시각 읽기

□ 시 □ 분

≫ 시계의 **짧은바늘**은 **6**과 **7** 사이를 가리키고
긴바늘은 **4**에서 작은 눈금 **3**칸을 더 간 곳을 가리키고 있습니다.
이 시계가 나타내는 시각은 **몇 시 몇 분**인가요?

답 _____ 시 _____ 분

4 **1시간 30분**

$$=60분+\boxed{}분$$

$$=\boxed{}분$$

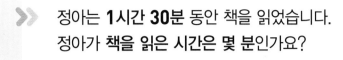

정아는 **1시간 30분** 동안 책을 읽었습니다.
정아가 **책을 읽은 시간**은 몇 분인가요?

꼭! 단위까지
따라 쓰세요.

답 _____ 분

5 **80분**

$$=\boxed{}분+20분$$

$$=\boxed{}시간 20분$$

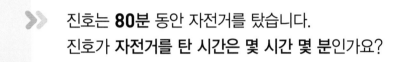

진호는 **80분** 동안 자전거를 탔습니다.
진호가 **자전거를 탄 시간**은 몇 시간 몇 분인가요?

답 _____ 시간 _____ 분

6 **1주일**

$$=\boxed{}일$$

석훈이는 **1주일 후**에 시험을 봅니다.
석훈이가 **시험을 보는 날**은 며칠 후인가요?

답 _____ 일 후

7 **15개월**

$$=\boxed{}개월+3개월$$

$$=\boxed{}년 3개월$$

수미네 가족은 **15개월 후**에 이사
를 갑니다.
수미네 가족이 **이사를 가는 날**은
몇 년 몇 개월 후인가요?

답 _____ 년 _____ 개월 후

문해력 기초 다지기

○ 간단한 문장제를 풀어 봅니다.

1 시계의 **짧은바늘**이 **4**와 **5** 사이를 가리키고 **긴바늘**이 **9**를 가리키면 **몇 시 몇 분**인가요?

답 _____

2 나영이는 오늘 **오전 9시 15분 전**에 일어났습니다.
나영이가 오늘 일어난 시각은 **오전 몇 시 몇 분**인가요?

답 오전 _____

3 제훈이가 친구와 만나기로 한 시각입니다.
제훈이가 **친구와 만나기로 한 시각**은 **몇 시 몇 분 전**인가요?

답 _____

4 오늘은 **7월 8일**입니다.
오늘부터 **1주일 후**가 혜주의 생일입니다.
혜주의 생일은 몇 월 며칠인가요?

답 _____

5 인우는 컴퓨터 게임을 **5시 10분**에 시작해서
5시 50분에 끝냈습니다.
인우가 **컴퓨터 게임을 한 시간**은 몇 분인가요?

답 _____

6 정민이가 **오후 1시 40분**부터 숙제를 하기 시작하여 **30분 후**에 끝냈습니다.
정민이가 **숙제를 끝낸 시각**은 오후 몇 시 몇 분인가요?

답 오후 _____

7 세희네 학교는 **오전 9시**에 1교시 수업을 시작하여
40분 동안 수업을 하고 **10분** 동안 쉽니다.
2교시 수업을 시작하는 시각은 오전 몇 시 몇 분인가요?

답 오전 _____

수학 문해력 기르기

문해력 문제 1

선화는 ※뮤지컬 공연을 보러 갔습니다./
뮤지컬 공연이 **3시 20분**에 시작해서/ **4시 50분**에 끝났다면/
이 뮤지컬 공연 시간은 몇 시간 몇 분인가요?
└ 구하려는 것

해결 전략

❶ 시작한 시각부터 끝난 시각까지 걸린 시간을
‘시간’과 ‘분’으로 나누어 구하고

> 📖 문해력 **어휘**
> 뮤지컬: 노래와 무용, 연극이 합해진 형태로 주로 큰 무대에서 볼 수 있다.

┌ 뮤지컬 공연 시간을 구하려면 ┐

❷ 위 ❶에서 나누어 구한 ‘시간’과 ‘분’을 차례로 쓴다.

문제 풀기

❶ 3시 20분 ──────→ 4시 20분 ──────→ 4시 50분

　　　　　　□ 시간 후　　　　　　　　□ 분 후

❷ 뮤지컬 공연 시간: □ 시간 □ 분

답 ＿＿＿＿＿＿＿＿＿＿＿＿＿＿

문해력 레벨업

걸린 시간을 ‘시간’과 ‘분’으로 나누어 구하자.

 수영이가 공부를 3시 15분에 시작해서 6시에 끝났을 때 걸린 시간 구하기

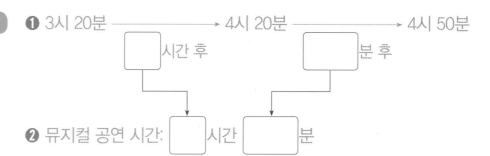

방법1 시간 ➡ 분 순서로 구하기

3시 15분
　　　　 ⟍ **2시간 후**
5시 15분
　　　　 ⟍ **45분 후**
6시

➡ 걸린 시간: **2시간 45분**

방법2 분 ➡ 시간 순서로 구하기

3시 15분
　　　　 ⟍ **45분 후**
4시
　　　　 ⟍ **2시간 후**
6시

➡ 걸린 시간: **2시간 45분**

쌍둥이 문제

1-1 시우네 가족은 영화관에 갔습니다./ 영화관에 **2**시 **30**분에 들어가서/ **4**시 **45**분에 나왔다면/ 시우네 가족이 영화관에 있었던 시간은 몇 시간 몇 분인가요?

따라 풀기 **❶**

❷

답 _____

문해력 레벨 1

1-2 오른쪽은 세빈이가 ※조깅을 시작한 시각과/ 조깅을 끝낸 시각입니다./ 세빈이가 조깅을 한 시간은 몇 시간 몇 분인가요?

시작한 시각   끝낸 시각

스스로 풀기 **❶** 조깅을 시작한 시각과 끝낸 시각 각각 읽기

문해력 어휘 📖
조깅: 건강을 위해 자기의 몸에 알맞은 속도로 천천히 달리는 운동

❷ 걸린 시간을 시간과 분으로 나누어 구하기

❸

답 _____

문해력 레벨 2

1-3 재욱이가 공부를 시작하면서 거울에 비친 시계를 보았더니 오른쪽과 같았습니다./ 공부를 끝낸 시각이 **7**시 **50**분이라면/ 재욱이가 공부를 한 시간은 몇 시간 몇 분인가요?

스스로 풀기 **❶** 공부를 시작한 시각 구하기

거울에 비친 시각은 짧은바늘과 긴바늘이 가리키는 위치로 시각을 읽어.

❷ 걸린 시간을 시간과 분으로 나누어 구하기

❸ 공부를 한 시간 구하기

답 _____

수학 문해력 기르기

문해력 문제 2

준우는 **3시간 10분** 동안 물놀이를 했습니다./
물놀이를 끝낸 시각이 오른쪽과 같다면/
물놀이를 시작한 시각은 몇 시 몇 분인가요?
└▸ 구하려는 것

해결 전략

┌ 물놀이를 끝낸 시각을 구하려면 ┐

❶ 주어진 시계가 몇 시 몇 분인지를 읽고

┌ 물놀이를 시작한 시각을 구하려면 ┐

❷ 위 ❶에서 구한 시각의 **3시간 전 시각**을 먼저 구하고
이어서 **10분 전 시각**을 구한다.

> 🎓 **문해력 핵심**
> 시작한 시각은 끝낸 시각
> 의 3시간 10분 전이다.

문제 풀기

❶ 물놀이를 끝낸 시각: 5시 [　] 분

❷ 5시 [　] 분 ──3시간 전──▶ [　] 시 20분 ──10분 전──▶ 2시 [　] 분
　　끝낸 시각　　　　　　　　　　　　　　　　　　　　　시작한 시각

➡ 물놀이를 시작한 시각: [　] 시 [　] 분

답 _____

💡 **문해력 레벨업**

'~전'의 시각을 구할 때 시간을 나누어 생각하자.

예 4시 10분에서 30분 전의 시각 구하기

┌ 긴바늘이 12를 가리킬 때를 기준으로 ┐

 ──10분 전──▶  ── **30 ─ 10 = 20**(분 전) ──▶

30분을 10분과 20분으로 나누어서 시각을 구하자.

• 정답과 해설 **13**쪽
🎓 복습책 22쪽에 유사, 심화문제 제공

쌍둥이 문제

2-1 은지는 수업 시간에 1시간 40분 동안 동물 관련 *다큐멘터리를 보았습니다./ 다큐멘터리가 끝난 시각이 오른쪽과 같다면/ 다큐멘터리를 보기 시작한 시각은 몇 시 몇 분인가요?

따라 풀기 ❶

문해력 어휘
다큐멘터리: 실제로 있었던 어떤 일을 사실적으로 보여 주는 영상이나 기록

❷

답 _____

문해력 레벨 1

2-2 호원이의 아버지는 6시에 출발하는 비행기를 타려고 합니다./ 집에서 공항까지 가는 데 1시간 50분이 걸립니다./ 비행기가 출발하기 30분 전에 공항에 도착하려면/ 집에서 몇 시 몇 분에 나와야 하나요?

스스로 풀기 ❶ 공항에 도착해야 하는 시각 구하기

❷ 집에서 나와야 하는 시각 구하기

답 _____

문해력 레벨 2

2-3 소율이네 반은 직업 체험을 하러 갔습니다./ 1시간 20분 동안 소방관 체험을 하고,/ 바로 이어서 1시간 10분 동안 경찰관 체험을 하고 나니/ 5시 15분이었습니다./ 소방관 체험을 시작한 시각은 몇 시 몇 분인가요?

스스로 풀기 ❶ 경찰관 체험을 시작한 시각 구하기

❷ 소방관 체험을 시작한 시각 구하기

답 _____

수학 문해력 기르기

관련 단원 시각과 시간

문해력
문제 **3**

오늘 오전에 나연이와 규민이가 각자 학교에 도착한 시각입니다./
학교에 먼저 도착한 사람은 누구인가요?

└ 구하려는 것

나연

규민

해결 전략

학교에 도착한 시각을 구하려면

❶ 주어진 시계가 각각 몇 시 몇 분인지 읽고

학교에 먼저 도착한 사람을 구하려면   ┌ 알맞은 말에 ○표 하기

❷ 위 ❶에서 읽은 시각이 더 (빠른 , 늦은) 시각을 찾는다.

- -

문제 풀기

❶ 나연이가 학교에 도착한 시각: ☐ 시 ☐ 분

규민이가 학교에 도착한 시각: ☐ 시 ☐ 분

❷ 더 빠른 시각: ☐ 시 ☐ 분 ➡ 먼저 도착한 사람: ☐

답 _____

**문해력
레벨업**

'시'를 먼저 비교한 다음 '분'을 비교하자.

예 오후 2시 3분, 오후 1시 57분, 오후 2시 15분의 시각 비교하기

❶ '시'를 비교하기

2시 **3**분   **1**시 **57**분   2시 **15**분

1 < 2이므로 가장 빠른 시각은 오후 1시 57분이다.

↓

❷ '분'을 비교하기

2시 **3**분   1시 57분   **2**시 **15**분

3 < 15이므로 가장 늦은 시각은 오후 2시 15분이다.

3-1 오늘 오후에 보현이와 민재가 각자 학원에 도착한 시각입니다./ 학원에 나중에 도착한 사람은 누구인가요?

보현

민재

따라 풀기 ❶

❷

답 _____

문해력 레벨 1

3-2 오늘 오후에 강민, 원영, 광현이가 각자 체육관에 도착한 시각입니다./ 체육관에 가장 먼저 도착한 사람은 누구인가요?

> 강민: 나는 **4**시 **5**분 전에 도착했어.
> 원영: 나는 **3**시 **53**분에 도착했어.
> 광현: 나는 **4**시 **27**분에 도착했어.

스스로 풀기 ❶ 강민이가 체육관에 도착한 시각을 '몇 시 몇 분'으로 나타내기

❷ 세 사람의 시각을 비교하여 체육관에 가장 먼저 도착한 사람 구하기

답 _____

수학 문해력 기르기

관련 단원 시각과 시간

문해력 문제 4

민재가 가지고 있던 시계의 [※]배터리가 닳아서 멈췄습니다./
멈춘 시계가 가리키는 시각은 오전 10시였고,/
시계의 긴바늘을 시계 방향으로 6바퀴 돌려서/ 현재 시각으로 맞추어 놓았다면/
현재 시각은 오후 몇 시인가요?
└→ 구하려는 것

해결 전략

❶ 시계의 긴바늘이 **6바퀴** 도는 데 걸리는 시간을 구하고

📖 **문해력 백과**
배터리: 건전지, 혹은 기계를 작동시키기 위한 연료

┌ 현재 시각을 구하려면 ┐

❷ **멈춘 시각**에서 위 ❶에서 구한 시간만큼 지난 시각을 구한다.

문제 풀기

❶ 긴바늘이 6바퀴 도는 데 걸리는 시간: ☐ 시간

❷ 위 ❶에서 구한 시간을 낮 12시를 기준으로 나누어 구하기

오전 10시 ──────→ 낮 12시 ──────→ 오후 ☐ 시
     2시간 후   4시간 후

➡ 현재 시각: 오후 ☐ 시

답 _____

문해력 레벨업

시곗바늘이 한 바퀴 도는 데 걸리는 시간을 구하자.

긴바늘

큰 눈금 한 칸만큼 가는 동안 5분이 지남. → 1바퀴 도는 동안 1시간이 지남.

짧은바늘

큰 눈금 한 칸만큼 가는 동안 1시간이 지남. → 1바퀴를 돌면 오전과 오후가 바뀜.

쌍둥이 문제

4-1 영진이가 가지고 있던 시계의 배터리가 닳아서 멈췄습니다./ 멈춘 시계가 가리키는 시각은 오전 11시였고,/ 시계의 긴바늘을 시계 방향으로 8바퀴 돌려서/ 현재 시각으로 맞추어 놓았다면/ 현재 시각은 오후 몇 시인가요?

따라 풀기 ❶

❷

답 _____

문해력 레벨 1

4-2 현재 시각은 오전 3시 30분입니다./ 현재 시각에서 시계의 짧은바늘이 시계 방향으로 1바퀴 돌았을 때/ 가리키는 시각을 구하세요.

스스로 풀기 ❶ 짧은바늘이 1바퀴 도는 데 걸리는 시간 구하기

❷ 짧은바늘이 1바퀴 돌았을 때 가리키는 시각 구하기

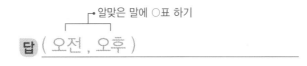

┌ 알맞은 말에 ○표 하기

답 (오전 , 오후) _____

문해력 레벨 2

4-3 서울특별시의 시각은 미국의 대표 도시인 뉴욕의 시각보다 긴바늘을 시계 방향으로 14바퀴 돌린 것만큼 빠릅니다./ 현재 뉴욕의 시각이 2월 18일 오후 4시일 때/ 서울특별시의 시각은 2월 며칠 몇 시인가요?

스스로 풀기 ❶ 시계의 긴바늘이 14바퀴 도는 데 걸리는 시간 구하기

❷ 현재 서울특별시의 시각 구하기

답 _____

관련 단원 **시각과 시간**

문해력 문제 5

서울에 있는 고속버스 터미널에서 부산으로 가는 버스는
첫차가 오전 **8시**에 출발하고,/
50분마다 1대씩 출발합니다./
3번째로 출발하는 버스는 오전 몇 시 몇 분에 출발하나요?
└▸ 구하려는 것

해결 전략

> 2번째로 출발하는 버스 시각을 구하려면

❶ 첫차 출발 시각에서 50분 후의 시각을 구하고

> 3번째로 출발하는 버스 시각을 구하려면

❷ 위 ❶에서 구한 2번째 출발 시각에서 50분 후의 시각을 구한다.

문제 풀기

첫차 출발 시각

❶ 2번째 출발 시각: 오전 8시 ──────▶ 오전 8시 [ ]분
50분 후

❷ 3번째 출발 시각: 오전 8시 [ ]분 ──────▶ 오전 9시 [ ]분
50분 후

답 _____

문해력 레벨업 처음 시각에서 주어진 시간 간격 후의 시각을 구하자.

⑩

첫차의 출발 시각은 오전 **9시**이고, **20분마다 1대**씩 출발할 때 2번째로 출발하는 버스의 시각	오전 **9시**에 **1교시 수업을 시작**하여 **30분 동안 수업**을 하고 **10분 동안 쉴 때** 2교시 수업 시작 시각
첫차 출발 시각 2번째 출발 시각	1교시 수업 시작 시각 2교시 수업 시작 시각
오전 **9시** ➡ 오전 **9시 20분**	오전 **9시** ➡ 오전 **9시 40분**
20분 후	(30＋10)분 후

5-1 서울에서 대구로 가는 고속 열차는 첫차가 오전 **7**시 **30**분에 출발하고,/ **40**분마다 **1**대씩 출발합니다./ **3**번째로 출발하는 고속 열차는 오전 몇 시 몇 분에 출발하나요?

따라 풀기 ❶

❷

답 _____

문해력 레벨 **1**

5-2 지민이네 가족은 지리산에 가려고 합니다./ 서울역에서 지리산까지 가는 버스는 첫차가 오전 **9**시 **20**분에 출발하고,/ **30**분마다 **1**대씩 ※운행합니다./ 지민이네 가족이 오전 **10**시에 서울역에 도착했다면/ 가장 빨리 탈 수 있는 버스는 오전 **10**시 몇 분에 출발하나요?

스스로 풀기 ❶ 오전 9시 20분부터 오전 10시가 넘을 때까지의 버스의 출발 시각 구하기

문해력 어휘 📖
운행: 정해진 길을 따라 차를 운전하여 다님.

❷ 지민이네 가족이 가장 빨리 탈 수 있는 버스의 출발 시각 구하기

답 _____

문해력 레벨 **2**

5-3 유림이네 학교에서는 오전 **9**시 **10**분에 **1**교시 수업을 시작하여/ **40**분 동안 수업을 하고/ **10**분 동안 쉽니다./ **3**교시 수업을 시작하는 시각은 오전 몇 시 몇 분인가요?

스스로 풀기 ❶ 각 교시 수업을 몇 분마다 시작하는지 구하기

❷ 2교시 수업을 시작하는 시각 구하기

❸ 3교시 수업을 시작하는 시각 구하기

답 _____

수학 문해력 기르기

관련 단원 시각과 시간

문해력 문제 6

지성이네 집 거실에 있는 시계는 **1시간에 1분씩 빨라집니다.**/
이 시계의 시각을 오늘 오전 **8**시에 정확하게 맞추었다면/
오늘 오전 **11**시에 이 시계가 나타내는 시각은 오전 몇 시 몇 분인가요?
└ 구하려는 것

해결 전략

❶ 오늘 오전 8시부터 오전 11시까지 몇 시간인지 구하고

> 시계가 오전 11시까지 빨라진 시간을 구하려면

❷ (1시간에 빨라지는 시간)×(위 ❶에서 구한 시간)을 구한 후

> 오늘 오전 11시에 이 시계가 나타내는 시각을 구하려면

❸ 오전 11시에서 빨라진 시간 후의 시각을 구한다.
└ 위 ❷에서 구한 시간

문제 풀기

❶ 오늘 오전 8시부터 오전 11시까지는 ☐ 시간이다.

❷ 시계가 오전 11시까지 빨라진 시간: 1×☐=☐(분)

❸ 오늘 오전 11시에 이 시계가 나타내는 시각은

오전 11시에서 ☐ 분 후의 시각이므로 오전 11시 ☐ 분이다.

답 _____

문해력 레벨업

빨라지는(느려지는) 시계가 가리키는 시각을 구하자.

예 4시에 시계를 정확하게 맞추고 한 시간이 지났을 때

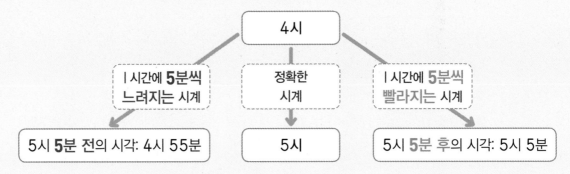

1시간에 5분씩 느려지는 시계	정확한 시계	1시간에 5분씩 빨라지는 시계
5시 5분 전의 시각: 4시 55분	5시	5시 5분 후의 시각: 5시 5분

6-1

1시간에 5분씩 빨라지는 시계가 있습니다./ 이 시계의 시각을 오늘 오전 10시에 정확하게 맞추었다면/ 오늘 오후 4시에 이 시계가 나타내는 시각은 오후 몇 시 몇 분인가요?

따라 풀기 ❶

❷

❸

답 _____

6-2

벽 시계가 1시간에 2분씩 느리게 가고 있습니다./ 이 시계의 시각을 오늘 오후 9시에 정확하게 맞추었다면/ 내일 오전 2시에 이 시계가 나타내는 시각은 오전 몇 시 몇 분인가요?

스스로 풀기 ❶ 오늘 오후 9시부터 내일 오전 2시까지의 시간 구하기

시계가 느리게 가고 있으니까 오전 2시가 되었을 때 시계가 나타내는 시각은 오전 2시가 되기 전이야.

❷ 시계가 내일 오전 2시까지 느려진 시간 구하기

❸ 내일 오전 2시에 이 시계가 나타내는 시각 구하기

답 _____

문해력 문제 7

올해 ||월 달력의 일부분이 다음과 같이 찢어졌습니다./
||월 25일이 승현이의 생일이라면/
올해 승현이의 생일은 무슨 요일인가요?
└ 구하려는 것

||월

일	월	화	수	목	금	토
			1	2	3	4

해결 전략

25일과 요일이 같은 날짜를 구하려면

❶ 같은 요일이 ☐ 일마다 반복되므로 25에서 7씩 뺀 날짜를 모두 구하고

❷ 위 ❶에서 구한 날 중 달력에 있는 날을 이용하여 승현이의 생일이 무슨 요일인지 구한다.

- -

문제 풀기

❶ 25일과 요일이 같은 날짜: $25-7=$ ☐ (일),

☐ $-7=$ ☐ (일), ☐ $-7=$ ☐ (일)

❷ 11월 4일이 ☐ 요일이므로 승현이의 생일은 ☐ 요일이다.

답 _____

문해력 레벨업

같은 요일은 7일마다 반복된다.

예 찢어진 달력을 보고 29일이 무슨 요일인지 구하기

일	월	화	수	목	금	토
					1	2

❶ 같은 요일이 **7**일마다 반복된다.
❷ 29일과 같은 요일인 날짜를 구한다.

금요일

29 $\xrightarrow{-7}$ **22** $\xrightarrow{-7}$ **15** $\xrightarrow{-7}$ **8** $\xrightarrow{-7}$ **1**

• 정답과 해설 **15**쪽

🎓 복습책 27쪽에 유사, 심화문제 제공

쌍둥이 문제

7-1 올해 3월 달력의 일부분이 다음과 같이 찢어졌습니다./ 선생님께서 올해 3월 24일에 쪽지 시험을 보겠다고 하셨습니다./ 쪽지 시험을 보는 날은 무슨 요일인가요?

3월

일	월	화	수	목	금	토
	1	2	3	4	5	6

따라 풀기 ❶

❷

답 _____

문해력 레벨 1

7-2 올해 6월 달력의 일부분이 다음과 같이 찢어졌습니다./ 성연이가 올해 6월의 마지막 날에 체험 학습을 간다면/ 체험 학습을 가는 날은 무슨 요일인가요?

6월

일	월	화	수	목	금	토
				1	2	3
4	5	6				

스스로 풀기 ❶ 6월의 마지막 날은 며칠인지 구하기

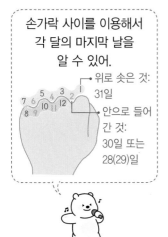

손가락 사이를 이용해서 각 달의 마지막 날을 알 수 있어.

위로 솟은 것: 31일
안으로 들어간 것: 30일 또는 28(29)일

❷ 6월의 마지막 날과 요일이 같은 날짜 모두 구하기

❸ 체험 학습을 가는 날은 무슨 요일인지 구하기

답 _____

수학 문해력 기르기

문해력 문제 8

올해 연준이네 학교의 여름 방학식 날짜는 **7월 19일**입니다./
방학식을 한 날로부터 **40일 후**에 개학식을 한다면/
개학식 날짜는 몇 월 며칠인가요?
└ 구하려는 것

해결 전략

7월과 8월을 나누어서 생각해야 하니까

❶ 7월의 마지막 날짜를 구하고

40일 후의 개학식 날짜를 구하려면

❷ **7월 19일**에서 ■일 후는 마지막 날짜이므로
마지막 날짜에서 (40─■)일 후의 날짜를 구한다.
└ 개학식 날짜

문제 풀기

❶ 7월의 마지막 날짜: 7월 [   ]일

방학식 날짜   7월의 마지막 날짜   개학식 날짜
❷ 7월 19일 ——→ 7월 [   ]일 ——————→ 8월 [   ]일
         12일 후   [   ]일 후
              └———————┘
                    └ 12+28=40(일 후)

➡ 개학식 날짜: 8월 [   ]일

답 _____

문해력 레벨업

달의 마지막 날짜를 기준으로 기간을 나누어 구하자.

예 11월 24일부터 10일 후의 날짜 구하기

                    10일 후
    ┌─────────────────────────────────┐
11월 24일 —— 6일 후 —— 11월 30일 ———————— 12월 4일
                      └ 11월 마지막 날짜   └ (10─6)일 후

• 정답과 해설 **15**쪽

🎓 복습책 28쪽에 유사, 심화문제 제공

쌍둥이 문제

8-1 오늘은 3월 15일입니다./ 소현이의 동생은 오늘부터 38일 후에 *첫돌입니다./
동생의 첫돌 날짜는 몇 월 며칠인가요?

따라 풀기 ❶

문해력 어휘 📖
첫돌: 아기가 태어나서 처음 맞는 생일이나 어떤 일이 일어난 후 일 년이 되는 날

❷

답 _____

문해력 레벨 1

8-2 오늘은 4월 6일입니다./ 선우가 오늘부터 80일 후에 수영 대회에 참가한다면/
선우가 수영 대회에 참가하는 날짜는 몇 월 며칠인가요?

스스로 풀기 ❶ 4월과 5월의 마지막 날짜 구하기

❷

답 _____

문해력 레벨 2

8-3 현아는 미국으로 영어 캠프를 떠납니다./ 현아가 2022년 1월 5일에 *출국하여/ 18개월 후에 우리나라에 *입국한다면/ 우리나라에 입국하는 날짜는 몇 년 몇 월 며칠인가요?

스스로 풀기 ❶ 18개월은 몇 년 몇 개월인지 구하기

문해력 어휘 📖
출국: 자기 나라 또는 남의 나라 밖으로 나감.
입국: 자기 나라 또는 남의 나라 안으로 들어감.

❷ 현아가 우리나라에 입국하는 날짜 구하기

답 _____

4일

수학 문해력 완성하기

 1 정아의 생일은 9월의 마지막 날입니다./ 서윤이는 정아보다 1주일 먼저 태어나고/ 지우는 서윤이보다 72시간 후에 태어났을 때/ 지우의 생일은 9월 며칠인지 구하세요.

해결 전략

서윤이는 정아보다 1주일 먼저 태어나고

↓

서윤이의 생일이 정아의 생일보다 1주일 빠르다.

↓

(서윤이의 생일)=(정아의 생일)—(1주일)
└•7일

> 1주일 후 날짜를 구하려면 '1주일'을 더하면 돼.

※18년 하반기 20번 기출 유형

문제 풀기

❶ 정아의 생일 구하기

9월의 마지막 날은 ☐ 일이므로 정아의 생일은 9월 ☐ 일이다.

❷ 서윤이의 생일 구하기

30일의 1주일 전은 30— ☐ = ☐ (일)이므로 서윤이의 생일은 9월 ☐ 일이다.

❸ 지우의 생일 구하기

72시간= ☐ 일이므로 지우의 생일은 9월 ☐ 일이다.

답 _____

관련 단원 **시각과 시간**

기출 2 어느 날 오후에 은주가 처음 시계를 보았을 때/ 짧은바늘은 2와 3 사이를 가리키고,/ 긴바늘은 6을 가리키고 있었습니다./ 같은 날 몇 시간이 지난 뒤 거울에 비친 시계를 보았더니/ 은주가 처음 보았을 때와 짧은바늘과 긴바늘의 위치가 각각 같았습니다./ 거울에 비친 시계가 나타내는 시각은 몇 시 몇 분인가요?

해결 전략

예 시곗바늘의 위치가 같을 때 거울에 비친 시계의 시각 구하기

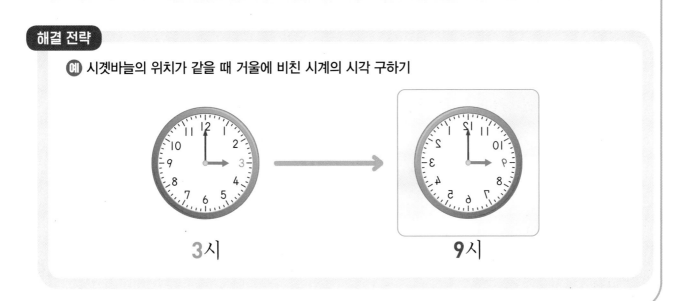

3시 → 9시

※ 19년 하반기 22번 기출 유형

문제 풀기

❶ 처음 본 시계에 시곗바늘 그리기

❷ 몇 시간 뒤 거울에 비친 시계에 시곗바늘을 그리고 시각 구하기

짧은바늘은 [ ]와 [ ] 사이를 가리키므로 [ ]시이고,

긴바늘은 [ ]을 가리키므로 [ ]분이다.

➡ 거울에 비친 시계가 나타내는 시각: [ ]시 [ ]분

답 _____

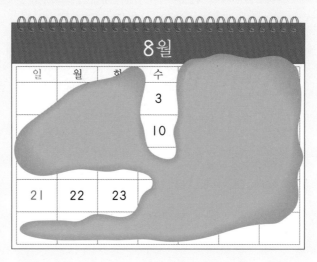

5 일 수학 문해력 완성하기

관련 단원 시각과 시간

융합 3

서현이는 토요일마다 축구장에 갑니다./ 달력에 음료수를 쏟아서 달력의 일부분 만 보일 때/ 8월 한 달 동안 서현이가 축구장에 가는 날짜를 모두 구하세요.

해결 전략

예 | 1일과 요일이 같은 날짜

| 1일 | 8일 | 15일 | 22일 | 29일 |

+7   +7   +7   +7

문제 풀기

❶ 8월의 첫 번째 토요일의 날짜 구하기

8월 3일이 수요일이므로 첫 번째 토요일은 8월 ☐ 일이다.

---

❷ 8월의 토요일인 날짜 모두 구하기

8월의 토요일 날짜: ☐ 일, ☐ +7= ☐ (일), ☐ +7= ☐ (일),

☐ +7= ☐ (일)

답 _____

관련 단원 시각과 시간

 윤후가 실수로 시계를 떨어뜨려/ 시계가 일정하게 빨라지기 시작했습니다./ 윤후는 시계가 얼마나 빨라지는지 알아보기 위해/ 3시에 시계를 정확하게 맞춰 놓고/ 4시간 후에 시계를 보았더니 다음과 같았습니다./ 윤후의 시계는 1시간에 몇 분씩 빨라지나요?

03:00 →4시간 후 **07:08**

해결 전략

예   2시간 동안 6분 빨라지는 시계
↓
$3 \times 2 = 6$이므로 (1시간 동안 빨라지는 시간)$= 3$분이다.

문제 풀기

❶ 3시에서 4시간 후 시각 구하기

3시에서 4시간 후의 시각은 ☐시이다.

❷ 떨어뜨린 시계가 4시간 동안 몇 분 빨라졌는지 구하기

떨어뜨린 시계는 4시간 동안 ☐분 빨라졌다.

❸ 떨어뜨린 시계가 1시간에 몇 분씩 빨라지는지 구하기

☐ $\times 4 = 80$이므로 떨어뜨린 시계는 1시간에 ☐분씩 빨라진다.

답 _____

주말 TEST 수학 문해력 평가하기

문제를 읽고 조건을 표시하면서 풀어 봅니다.

70쪽 문해력 1

1 민희는 수영을 5시 10분에 시작하여 6시 20분에 마쳤습니다. 민희가 수영을 한 시간은 몇 시간 몇 분인가요?

풀이

답 _____

72쪽 문해력 2

2 광수가 친구들과 1시간 35분 동안 농구를 했습니다. 농구를 끝낸 시각이 오른쪽과 같다면 농구를 시작한 시각은 몇 시 몇 분인가요?

풀이

답 _____

74쪽 문해력 3

3 오른쪽은 오늘 오후에 서희와 재우가 놀이터에 도착한 시각입니다. 놀이터에 나중에 도착한 사람은 누구인가요?

풀이

답 _____

76쪽 문해력 4

4 주은이가 가지고 있던 시계의 배터리가 닳아서 멈췄습니다. 멈춘 시계가 가리키는 시각은 오전 7시였고, 시계의 긴바늘을 시계 방향으로 9바퀴 돌려서 현재 시각으로 맞추어 놓았다면 현재 시각은 오후 몇 시인가요?

풀이

답 _____

82쪽 문해력 7

5 올해 7월 달력의 일부분이 다음과 같이 찢어졌습니다. 지훈이가 올해 7월 28일에 영화관에 간다면 영화관에 가는 날은 무슨 요일인가요?

7월

일	월	화	수	목	금	토
					1	2
3	4	5	6	7		

풀이

답 _____

78쪽 문해력 **5**

6 서울에서 여수로 가는 기차는 첫차가 오전 I0시에 출발하고, 20분마다 I대씩 출발합니다. 3번째로 출발하는 기차는 오전 몇 시 몇 분에 출발하나요?

풀이

답 _____

84쪽 문해력 **8**

7 오늘은 9월 2I일입니다. 세준이는 오늘부터 35일 후에 바이올린 연주회를 합니다. 세준이가 바이올린 연주회를 하는 날짜는 몇 월 며칠인가요?

풀이

답 _____

80쪽 문해력 **6**

8 윤희 방에 있는 시계는 I시간에 3분씩 빨라집니다. 이 시계의 시각을 오늘 오후 2시에 정확하게 맞추었다면 오늘 오후 II시에 이 시계가 나타내는 시각은 오후 몇 시 몇 분인가요?

풀이

답 _____

74쪽 문해력 3

9 오늘 오전에 희영, 민석, 채빈이가 각자 서울역에 도착한 시각입니다. 서울역에 가장 먼저 도착한 사람은 누구인가요?

> 희영: 나는 8시 5분에 도착했어.
> 민석: 나는 8시 10분 전에 도착했어.
> 채빈: 나는 8시 17분에 도착했어.

풀이

답 _____

82쪽 문해력 7

10 올해 12월 달력의 일부분이 다음과 같이 찢어졌습니다. 하은이가 올해 12월의 마지막 날에 스케이트장에 간다면 스케이트장에 가는 날은 무슨 요일인가요?

12월

일	월	화	수	목	금	토
1	2	3	4	5	6	7

풀이

답 _____

길이 재기 / 규칙 찾기

우리가 살다 보면 두 길이의 합과 차를 구해야 하는 상황이 자주 일어날 거예요. 이번에는 간단한 계산을 예로 들어 길이의 합과 차를 구하는 문제를 해결해 보아요.

더불어 우리가 살아가는 생활 속에는 많은 규칙들이 있어요. 옷, 커튼, 이불 등에 있는 무늬들도 일정한 규칙에 따라 배열되어 있다는 것을 알 수 있어요. 다양한 방법으로 규칙을 경험하고 이해하면서 수학적 아름다움을 느껴 보아요.

이번 주에 나오는 **어휘 & 지식백과**

101쪽 `포클레인` (Poclain)

기계 삽으로 땅을 파내는 차

101쪽 `지게차` (지게 + 車 수레 차)

차의 앞부분에 있는 철판에 짐을 싣고 위아래로 움직여서
나르는 차

105쪽 `이사` (移 옮길 이, 徙 옮길 사)

사는 곳을 다른 데로 옮김.

105쪽 `가구` (家 집 가, 具 갖출 구)

장롱·책장·탁자 등 집안 살림에 쓰는 기구

115쪽 `바둑`

두 사람이 검은 돌과 흰 돌을 나누어 가지고 바둑판 위에 번갈아 하나씩 두어 가며
승부를 겨루는 놀이

119쪽 `수면` (水 물 수, 面 낯 면)

물의 겉에 보이는 면

121쪽 `트램펄린` (trampolin)

스프링이 달린 사각형 모양의 매트 위에서 뛰어오르며 노는 기구

문해력 기초 다지기

문장제에 적용하기

○ 기초 문제가 어떻게 문장제가 되는지 알아봅니다.

1 1 m보다 25 cm 더 긴 길이

→ ☐ m ☐ cm

≫ 내 그림자의 길이는 1 m보다 25 cm 더 깁니다.
내 그림자의 길이는 몇 m 몇 cm인가요?

꼭! 단위까지
따라 쓰세요.

답 _____ m _____ cm

2 330 cm

= ☐ m ☐ cm

≫ 교실에 있는 칠판 긴 쪽의 길이가 330 cm입니다.
이 칠판 긴 쪽의 길이는 몇 m 몇 cm인가요?

답 _____ m _____ cm

3 1 m 50 cm

= ☐ cm

≫ 지영이가 갖고 있는 스마트폰 충전 줄의 길이는 1 m 50 cm입니다.
이 줄의 길이는 몇 cm인가요?

답 _____ cm

4 더 긴 길이에 ○표 하기

220 cm ( )

2 m 2 cm ( )

≫ 세린이가 갖고 있는 털실의 길이는 220 cm이고,
지유가 갖고 있는 털실의 길이는 2 m 2 cm입니다.
더 긴 털실을 갖고 있는 사람은 누구인가요?

답 _____

5 **4 m 27 cm＋5 m 41 cm** »

```
    4 m  27 cm
  ＋ 5 m  41 cm
```

길이가 **4 m 27 cm**인 리본과
5 m 41 cm인 리본이 있습니다.
두 리본을 겹치지 않게 이어 붙이면
전체 길이는 몇 m 몇 cm인가요?

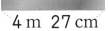 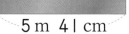

4 m 27 cm   5 m 41 cm

식 _4 m 27 cm＋5 m 41 cm＝_____

꼭! 단위까지
따라 쓰세요.

답 _____ m _____ cm

6 **8 m 84 cm－6 m 23 cm** »

```
    8 m  84 cm
  － 6 m  23 cm
```

나무의 높이는 **8 m 84 cm**이고
기린의 키는 **6 m 23 cm**입니다.
나무의 높이는 기린의 키보다 몇 m 몇 cm 더 높은
가요?

8 m 84 cm

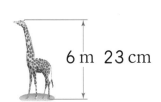

6 m 23 cm

식 _____

답 _____ m _____ cm

7 규칙 찾아 수 쓰기 »

1 ➡ 3 ➡ 5 ➡ [ ]

규칙에 따라 쌓기나무를 쌓을 때
다음에 이어질 모양에 쌓을 쌓기나무는 몇 개인가요?

 ➡ ➡

답 _____ 개

공부한 날
월
일

준비
학습

◑ 간단한 문장제를 풀어 봅니다.

1 진수와 민아는 각자 연날리기를 하고 있습니다.
땅으로부터 진수의 ※방패연은 **5 m 75 cm**,
민아의 방패연은 **557 cm** 높이에 날고 있습니다.
누구의 방패연이 더 높이 날고 있나요?

답 _____

2 세은이가 **1 m**짜리 줄자로
꽃밭의 긴 쪽의 길이를 재었더니 **7번** 재고 **34 cm**가 더 남았습니다.
꽃밭의 긴 쪽의 길이는 몇 m 몇 cm인가요?

답 _____

3 우체국에서 빵집까지의 거리는 **55 m 40 cm**이고,
빵집에서 마트까지의 거리는 **36 m 55 cm**입니다.
우체국에서 빵집을 거쳐 마트까지 가는 거리는 몇 m 몇 cm인가요?

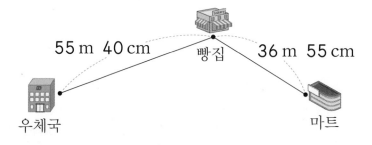

55 m 40 cm   빵집   36 m 55 cm

우체국   마트

식 _____   답 _____

문해력 어휘
방패연: 방패 모양으로 만든 연

4 선물 상자를 포장하는 데 빨간색 리본은 **1 m 38 cm**,
초록색 리본은 **2 m 8 cm**를 사용했습니다.
사용한 두 리본의 길이는 모두 몇 m 몇 cm인가요?

식 _____ 답 _____

5 냉장고의 높이는 **1 m 90 cm**이고,
식탁의 높이는 **85 cm**입니다.
냉장고는 식탁보다 몇 m 몇 cm 더 높은가요?

식 _____ 답 _____

6 길이가 **2 m 26 cm**인 고무줄이 있습니다.
이 고무줄을 양쪽에서 잡아당겼더니 **3 m 63 cm**가 되었습니다.
처음보다 고무줄이 몇 m 몇 cm 더 늘어났나요?

식 _____ 답 _____

7 오른쪽과 같은 규칙으로 쌓기나무를 쌓으려고 합니다.
4층으로 쌓는다면 쌓기나무는 **몇 개 사용**하게 되나요?

식 _____ 답 _____

관련 단원 길이 재기

문해력 문제 1

예원이와 현석이가 각자 접은 종이비행기로 멀리 날리기를 하고 있습니다./
예원이의 종이비행기는 **1 m 67 cm**를 날아갔고,/
현석이의 종이비행기는 **205 cm**를 날아갔습니다./
누구의 종이비행기가 더 멀리 날아갔나요?
└ 구하려는 것

해결 전략

┌ 단위를 같게 바꾸어 비교하려면 ┐
❶ **1 m 67 cm**를 몇 cm로 나타내고

┌ 누구의 종이비행기가 더 멀리 날아갔는지 구하려면 ┐
❷ 위 ❶에서 바꿔 나타낸 길이와 **205 cm**의 길이를 비교한다.

- -

문제 풀기

❶ 1 m 67 cm = ⬜ cm

┌ >, =, < 중 알맞은 것 쓰기
❷ ⬜ cm ◯ 205 cm

➡ ⬜ 이의 종이비행기가 더 멀리 날아갔다.

답 _____

문해력 레벨업

단위가 다른 길이는 단위를 같게 바꾸어 비교하자.

예 3 m 22 cm와 350 cm 비교하기

방법1 ■ cm로 바꾸어 비교	**방법2** ▲ m ■ cm로 바꾸어 비교
3 m 22 cm = 322 cm	**350 cm = 3 m 50 cm**
➡ 322 cm < 350 cm	➡ 3 m 22 cm < 3 m 50 cm
_{비교}	_{비교}

• 정답과 해설 **18쪽**

🎓 복습책 31쪽에 유사, 심화문제 제공

쌍둥이 문제

1-1 ※포클레인의 높이는 258 cm이고,/ ※지게차의 높이는 2 m 12 cm입니다./ 높이가 더 높은 차는 어느 것인가요?

따라 풀기 ❶

문해력 어휘 🔖

포클레인: 기계 삽으로 땅을 파내는 차

지게차: 차의 앞부분에 있는 철판에 짐을 싣고 위아래로 움직여서 나르는 차

❷

답 _____

문해력 레벨 1

1-2 천재 놀이공원에 있는 천재열차는/ 키가 120 cm보다 커야 탈 수 있습니다./ 세현이의 키는 1 m 26 cm이고,/ 민영이의 키는 1 m 18 cm입니다./ 천재열차를 탈 수 없는 사람은 누구인가요?

스스로 풀기 ❶ 120 cm를 몇 m 몇 cm로 나타내기

❷ 세현이가 천재열차를 탈 수 있는지 알아보기

❸ 민영이가 천재열차를 탈 수 있는지 알아보기

답 _____

문해력 레벨 2

1-3 축구 교실에 다니는 지후는 축구공을 멀리 차는 연습을 하고 있습니다./ 첫 번째로 찼을 때는 12 m 46 cm,/ 두 번째는 1307 cm,/ 세 번째는 1258 cm/ 떨어진 곳에 공이 떨어졌습니다./ 공을 가장 멀리 찬 건 몇 번째인가요?

스스로 풀기 ❶ 12 m 46 cm를 몇 cm로 나타내기

❷ 위 ❶에서 바꿔 나타낸 길이와 1307 cm, 1258 cm의 길이 비교하기

답 _____

수학 문해력 기르기

문해력 문제 2

성현이의 한 걸음은 약 **30 cm**입니다./
성현이가 어머니의 한복 치마 길이를/ 걸음으로 재었더니 **4번**이었습니다./
어머니의 한 걸음이 약 **40 cm**일 때,/
어머니의 걸음으로/ 같은 한복 치마 길이를 재면 **몇 번**인가요?
└ 구하려는 것

해결 전략

> 한복 치마 길이를 구하려면

❶ (성현이의 한 걸음)을 [　] 번 더하고

> 한복 치마 길이를 어머니의 걸음으로 잰 횟수를 구하려면

❷ 한복 치마 길이가 될 때까지 (어머니의 한 걸음)을 더한 횟수를 구한다.
└ 위 ❶에서 구한 길이

문제 풀기

❶ (한복 치마 길이)＝30 cm＋30 cm＋30 cm＋30 cm

＝ [　] cm

❷ [　] cm＝40 cm＋40 cm＋ [　] cm이므로

한복 치마 길이는 어머니의 걸음으로 재면 [　] 번이다.

답 ＿＿＿＿＿＿＿＿＿

문해력 레벨업

단위 길이가 다른 것을 여러 번 사용하여 같은 길이를 만들 수 있다.

> 단위 길이가 다른 것을

> 여러 번 사용하여 길이가 같게 만들면

> 사용한 횟수가 다르다.

➡ 3번 사용

➡ 2번 사용

쌍둥이 문제

2-1 내 우산의 길이는 80 cm이고,/ 아버지의 우산의 길이는 120 cm입니다./ 내 우산으로 3번 잰 길이를/ 아버지의 우산으로 재면 몇 번인가요?

따라 풀기 ❶

❷

답 _____

문해력 레벨 1

2-2 보라의 한 뼘의 길이로/ 70 cm를 넘는 길이를 어림하려고 합니다./ 보라의 한 뼘의 길이가 15 cm일 때,/ 몇 뼘부터 70 cm가 넘는지 구하세요.

스스로 풀기 ❶ 70 cm가 넘을 때까지 15 cm를 더하기

2뼘: 15 cm + 15 cm = ☐ cm

3뼘: 15 cm + 15 cm + 15 cm = ☐ cm

4뼘: 15 cm + 15 cm + 15 cm + 15 cm = ☐ cm

5뼘: 15 cm + 15 cm + 15 cm + 15 cm + 15 cm = ☐ cm

❷ 위 ❶에서 70 cm가 넘을 때 몇 뼘인지 구하기

답 _____

문해력 레벨 2

2-3 재현이의 걸음으로 9걸음을/ 걸은 거리를 재었더니 4 m입니다./ 재현이가 같은 걸음으로 걸어서/ 12 m를 어림하려면/ 몇 걸음을 걸어야 하나요?

스스로 풀기 ❶ 12 m가 4 m로 몇 번인지 구하기

❷ 12 m를 어림할 때의 걸음 수 구하기

답 _____

수학 문해력 기르기

문해력 문제 3

어머니의 바지의 길이는 I m 5 cm이고,/
목도리의 길이는 I53 cm입니다./
어머니의 바지와 목도리를 겹치지 않게/ 길게 이어 놓으면 몇 m 몇 cm인가요?
└구하려는 것

해결 전략

단위를 같게 바꾸어 계산하려면

❶ 목도리의 길이 153 cm를 몇 m 몇 cm로 나타내고

겹치지 않게 길게 이어 놓은 길이를 구하려면

❷ (바지의 길이) ◯ (위 ❶에서 바꿔 나타낸 목도리의 길이)로 구한다.
└+, −, × 중 알맞은 것 쓰기

문제 풀기

❶ 153 cm = □ m □ cm

> **문해력 핵심**
> 답을 몇 m 몇 cm로 써야 하므로 153 cm의 단위를 몇 m 몇 cm로 바꿔 나타내자.

❷ (길게 이어 놓은 길이)

= 1 m 5 cm ◯ □ m □ cm = □ m □ cm

답 _____

문해력 레벨업 문제에 주어진 단어를 보면 계산식을 세울 수 있다.

이어 붙인 길이
모두
~만큼 더 긴 길이
↓
합

남은 길이
사용한 길이
~만큼 더 짧은 길이
↓
차

쌍둥이 문제

3-1 어느 공사 현장에서 사용하고 있는 긴 *파이프의 길이는 3 m 15 cm이고,/ 짧은 파이프의 길이는 150 cm 입니다./ 긴 파이프와 짧은 파이프를 한 개씩 겹치지 않게/ 길게 이어 붙이면 몇 m 몇 cm인가요?

출처: © Philmoto/shutterstock

따라 풀기 ❶

문해력 어휘 📖
파이프: 물이나 공기, 가스
따위를 옮기는 데 쓰는 관

❷

답 _____

문해력 레벨 1

3-2 지아네 가족은 새로운 집에 *이사 와서 *가구를 옮기고 있습니다./ 5 m 65 cm 길이의 한쪽 벽에/ 240 cm 길이의 책상을 놓았습니다./ 책상을 놓고/ 남은 벽의 길이는 몇 m 몇 cm인가요?

스스로 풀기 ❶

문해력 어휘 📖
이사: 사는 곳을 다른 데로
옮김.
가구: 장롱·책장·탁자 등 집
안 살림에 쓰는 기구

❷

답 _____

문해력 레벨 1

3-3 현주는 길이가 450 cm인 리본을 샀습니다./ 이 리본을 선물 포장하는 데 사용했더니/ 2 m 32 cm가 남았습니다./ 선물 포장하는 데 사용한 리본의 길이는 몇 m 몇 cm인가요?

스스로 풀기 ❶ 산 리본의 길이를 몇 m 몇 cm로 나타내기

❷ 사용한 리본의 길이 구하기

답 _____

관련 단원 길이 재기

문해력 문제 4

다음 그림에서 두 초록색 막대의 길이는 같습니다./
초록색 막대 한 개의 길이는 **2 m 33 cm**이고,/
빨간색 막대의 길이는 **3 m 46 cm**일 때,/
파란색 막대의 길이는 몇 m 몇 cm인가요?

└ 구하려는 것

2 m 33 cm

3 m 46 cm

해결 전략

두 초록색 막대를 이어 붙인 길이를 구하려면

❶ (초록색 막대의 길이) ◯ (초록색 막대의 길이)를 구하고
└ +, −, × 중 알맞은 것 쓰기

파란색 막대의 길이를 구하려면

❷ (위 ❶에서 구한 길이) ◯ (빨간색 막대의 길이)를 구한다.

문제 풀기

❶ (두 초록색 막대의 길이의 합)

= 2 m 33 cm + 2 m 33 cm = ☐ m ☐ cm

❷ (파란색 막대의 길이)

= ☐ m ☐ cm − 3 m 46 cm = ☐ m ☐ cm

답 _____

문해력 레벨업

이어 붙인 길이가 같음을 이용해 부분의 길이를 구하자.

이어 붙인
길이가 같음.

(초록색) + (초록색) − (빨간색)

4-1 다음 그림에서 두 초록색 막대의 길이는 같습니다./ 초록색 막대 한 개의 길이는 3 m 15 cm이고,/ 빨간색 막대의 길이는 4 m 20 cm일 때,/ 파란색 막대의 길이는 몇 m 몇 cm인가요?

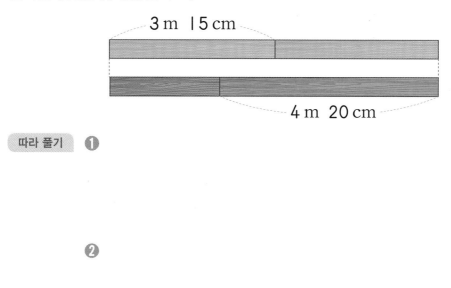

따라 풀기 **1**

2

답 _____

문해력 레벨 1

4-2 다음 그림에서 ㉠에서 ㉢까지의 거리는/ ㉡에서 ㉣까지의 거리와 같습니다./ ㉠에서 ㉢까지의 거리가 8 m 40 cm이고,/ ㉡에서 ㉣까지의 거리가 12 m 55 cm일 때,/ ㉠에서 ㉡까지의 거리는 몇 m 몇 cm인가요?

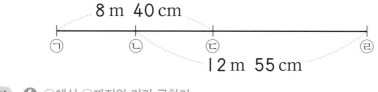

스스로 풀기 **1** ㉠에서 ㉣까지의 거리 구하기

2 ㉠에서 ㉡까지의 거리 구하기

답 _____

3일 수학 문해력 기르기

문해력 문제 5

시내버스는 트럭보다 **4 m 96 cm** 더 길고,/
마을버스는 시내버스보다 **4 m 46 cm** 더 짧습니다./
트럭의 길이가 **5 m 73 cm**일 때,/
마을버스의 길이는 몇 m 몇 cm인가요?
└ 구하려는 것

해결 전략

시내버스의 길이를 구하려면

❶ (트럭의 길이) ◯ 4 m 96 cm 를 구하고
└ +, −, × 중 알맞은 것 쓰기

마을버스의 길이를 구하려면

❷ (시내버스의 길이) ◯ 4 m 46 cm 를 구한다.
└ 위 ❶에서 구한 길이

문제 풀기

❶ (시내버스의 길이)

= 5 m 73 cm + 4 m 96 cm = ☐ m ☐ cm

❷ (마을버스의 길이)

= ☐ m ☐ cm − 4 m 46 cm = ☐ m ☐ cm

답 _____

문해력 레벨업 문장에 알맞은 식을 세우자.

연필은 지우개보다 5 cm 더 길다.

연필이 지우개보다 더 길다.

지우개가 연필보다 더 짧다.

(연필)=(지우개)+5 cm

(지우개)=(연필)−5 cm

주어진 문장으로
두 개의 식을
세울 수 있어.

5-1 밤나무의 높이는 은행나무의 높이보다 58 cm 더 낮고,/ 소나무의 높이는 밤나무의 높이보다 1 m 3 cm 더 높습니다./ 은행나무의 높이가 5 m 64 cm일 때,/ 소나무의 높이는 몇 m 몇 cm인가요?

따라 풀기 ❶

❷

답 _____

문해력 레벨 1

5-2 신호등의 높이는 표지판의 높이보다 75 cm 더 높고,/ 가로등의 높이는 표지판의 높이보다 2 m 10 cm 더 높습니다./ 신호등의 높이가 2 m 85 cm일 때,/ 가로등의 높이는 몇 m 몇 cm인가요?

스스로 풀기 ❶ 표지판의 높이 구하기

❷ 가로등의 높이 구하기

답 _____

문해력 레벨 2

5-3 줄넘기 줄의 길이는 빗자루보다 70 cm 더 길고,/ 교실 짧은 쪽의 길이는 줄넘기 줄과 빗자루를 겹치지 않게 길게 연결한 길이보다 3 m 5 cm 더 깁니다./ 빗자루의 길이가 1 m 10 cm일 때,/ 교실 짧은 쪽의 길이는 몇 m 몇 cm인가요?

스스로 풀기 ❶ 줄넘기 줄의 길이 구하기

❷ 줄넘기 줄과 빗자루를 겹치지 않게 길게 연결한 길이 구하기

❸ 교실 짧은 쪽의 길이 구하기

답 _____

수학 문해력 기르기

일

관련 단원 길이 재기

문해력 문제 6

길이가 **420 cm**인 통나무를/ 한 번 잘랐더니/
긴 도막이 짧은 도막보다 **20 cm** 더 깁니다./
짧은 도막의 길이는 몇 cm인가요?
└ 구하려는 것

해결 전략

문제에 주어진 길이를 그림으로 나타내면

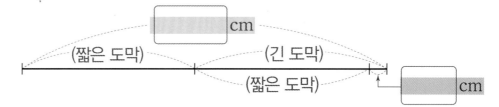

cm
(짧은 도막) (긴 도막)
(짧은 도막) cm

문제 풀기

❶ 짧은 도막과 긴 도막의 길이를 한 가지 기호를 사용하여 각각 나타내기

(짧은 도막의 길이)＝■ cm라 하면

(긴 도막의 길이)＝(■＋ ⬚) cm이다.

❷ 짧은 도막의 길이 구하기

■＋■＋ ⬚ ＝420, ■＋■＝ ⬚ ➡ ■＝ ⬚

따라서 짧은 도막의 길이는 ⬚ cm이다.

답 ＿＿＿＿＿＿＿＿＿

문해력 레벨업

두 길이를 한 가지 기호로 나타내자.

예 끈을 한 번 잘랐더니 긴 도막이 짧은 도막보다 **10 cm** 더 깁니다.

짧은 도막의 길이를 ■라 하기

긴 도막의 길이를 ▲라 하기

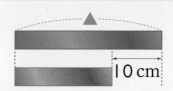

■
10 cm
(긴 도막의 길이)＝■＋10 cm

▲
10 cm
(짧은 도막의 길이)＝▲－10 cm

• 정답과 해설 **20**쪽

복습책 36쪽에 유사, 심화문제 제공

쌍둥이 문제

6-1 길이가 230 cm인 리본을/ 한 번 잘랐더니/ 긴 도막이 짧은 도막보다 **1**0 cm 더 깁니다./ 짧은 도막의 길이는 몇 cm인가요?

그림 그리기

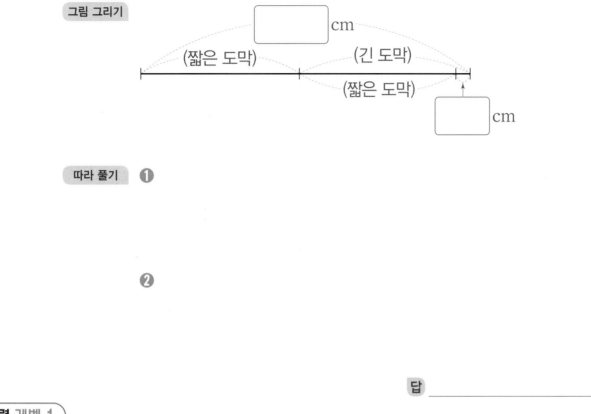

따라 풀기 ❶

❷

답 _____

문해력 레벨 1

6-2 길이가 270 cm인 철사를/ 한 번 잘랐더니/ 긴 도막이 짧은 도막보다 30 cm 더 깁니다./ 긴 도막의 길이는 몇 m 몇 cm인가요?

그림 그리기

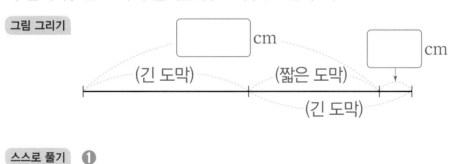

스스로 풀기 ❶

❷

답 _____

3일

111

4일 수학 문해력 기르기

관련 단원 규칙 찾기

문해력 문제 7

규칙에 따라 늘어놓은 수 3, 5, 7, 3, 5, 7, 3, 5, 7, ...에서
16번째에는 어떤 수가 나오는지 구하세요.
└ 구하려는 것

해결 전략

❶ 규칙에 따라 늘어놓은 수 중 반복되는 수를 구하고

❷ 위 ❶에서 반복되는 마지막 수의 순서를 구한다.

❸ 위 ❷에서 순서의 규칙을 찾아 16번째 수를 구한다.

문제 풀기

❶ 반복되는 수: 3, 5, ☐

❷ 위 ❶에서 반복되는 마지막 수의 순서 알아보기

3, 5, 7, 3, 5, 7, 3, 5, 7
   ↓   ↓   ↓
3번째   6번째   ☐번째

> **문해력 핵심**
>
> 반복되는 수들의 마지막 수인 7의 순서는 3단 곱셈구구와 관련 있다.

❸ 12번째, 15번째 수도 모두 ☐ 이다.

➡ 16번째 수는 7 다음 수인 ☐ 이다.

답 _____

문해력 레벨업

반복되는 수를 찾아본다.

예 규칙에 따라 늘어놓은 수 1, 2, 3, 1, 2, 3, ...에서 반복되는 수 찾기

① 첫 번째 수가 다음에 언제 나오는지 찾기

> ①, 2, 3, ①, 2, 3, ...
> 4번째에 다시 나옴.

↓

② 위 ①에서 찾은 수 전까지를 반복되는 수로 생각하기

> 1, 2, 3, 1, 2, 3, ...
> 반복되는 수

↓

③ 반복되는 수가 맞는지 확인하기

> 1, 2, 3, 1, 2, 3, ...
> 같은 수가 반복되므로 반복되는 수가 맞음.

쌍둥이 문제

7-1 규칙에 따라 늘어놓은 수 2, 8, 6, 3, 2, 8, 6, 3, 2, 8, 6, 3, …에서/ 17번째에는 어떤 수가 나오는지 구하세요.

따라 풀기 ❶

문해력 핵심

반복되는 수들의 마지막 수의 순서가 어떤 곱셈구구와 관련 있는지 생각해 보자.

❷

❸

답 _____

문해력 레벨 1

7-2 규칙에 따라 공깃돌을 늘어놓은 것입니다./ 17번째에는 어떤 색 공깃돌을 놓아야 하나요?

보라색 ┌ 연두색 ┌ 주황색

스스로 풀기 ❶

❷

❸

답 _____

문해력 레벨 2

7-3 규칙에 따라 늘어놓은 수 4, 9, 5, 4, 9, 5, 4, 9, 5, …에서/ 15번째 수까지 늘어놓았을 때/ 4는 모두 몇 번 나오나요?

스스로 풀기 ❶ 반복되는 수 구하기

반복되는 수를 한 묶음으로 하면 한 묶음에 4가 한 번씩 있으니까 ■묶음일 때 4는 ■번 나오게 돼.

❷ 반복되는 수를 한 묶음으로 하여 15번째 수까지 몇 묶음인지 구하기

❸ 4가 모두 몇 번 나오는지 구하기

답 _____

4 ^일 수학 문해력 기르기

문해력 문제 8

규칙에 따라 쌓기나무를 쌓고 있습니다./
다섯 번째 모양에/ 사용할 쌓기나무는 모두 몇 개인가요?

└ 구하려는 것

 → →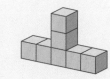

첫 번째   두 번째   세 번째

해결 전략

규칙에 따라 쌓기나무가 늘어나니까

❶ 쌓기나무가 **몇 개씩 늘어나는지** 구하고

다섯 번째 모양의 쌓기나무 수를 구하려면

❷ 세 번째 모양의 쌓기나무 수에 늘어나는 수를 ☐ 번 더한다.

└ 위 ❶에서 구한 수

문제 풀기

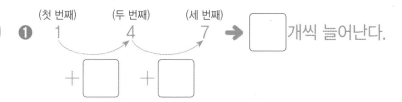

(첫 번째)   (두 번째)   (세 번째)

❶   1   4   7   → ☐ 개씩 늘어난다.

+☐   +☐

❷ (다섯 번째)=7+☐+☐=☐(개)

답 _____

문해력 레벨업

늘어나는 수의 규칙을 찾아 식으로 나타내자.

예 규칙에 따라 4번째 수를 구하는 방법 알아보기

4 6 8 ☐
+2 +2 +2

4+2+2+2 = 6+2+2 = 8+2 = 10

| 1번째 수에 늘어나는 수 3번 더하기 | 2번째 수에 늘어나는 수 2번 더하기 | 3번째 수에 늘어나는 수 1번 더하기 | 4번째 수 |

3번째 수에 늘어나는 수를 1번 더하면 (3+1)번째 수가 나와.

8-1 ※바둑은 서로 둘러싼 집을 많이 차지하면 이기는 게임입니다./ 다음과 같이 검은 돌이 흰 돌을 둘러싸는 규칙에 따라 일곱 번째 모양에서/ 흰 돌을 둘러싼 검은 돌은 모두 몇 개인가요?

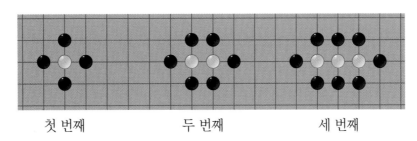

첫 번째   두 번째   세 번째

따라 풀기 ❶ 검은 돌이 몇 개씩 늘어나는지 구하기

문해력 어휘 📖

바둑: 두 사람이 검은 돌과 흰 돌을 나누어 가지고 바둑판 위에 번갈아 하나씩 두어 가며 승부를 겨루는 놀이

❷ 일곱 번째 모양의 검은 돌 수 구하기

답 _____

8-2 정현이가 받은 용돈 중에서 쓰고 남은 100원짜리 동전과 500원짜리 동전으로 규칙을 정해 늘어놓고 있습니다./ 네 번째에 놓이는/ 100원짜리 동전의/ 금액의 합은 얼마인가요?

첫 번째   두 번째   세 번째

스스로 풀기 ❶ 100원짜리 동전이 몇 개씩 늘어나는지 구하기

❷ 네 번째에 놓이는 100원짜리 동전의 수 구하기

❸ 네 번째에 놓이는 100원짜리 동전의 금액의 합 구하기

답 _____

수학 문해력 완성하기

기출 1 끈 한 개를 그림과 같이 2번 접어/ 점선을 따라 잘랐더니/ 4개의 끈이 생겼습니다./ 이 중 가장 긴 끈과 가장 짧은 끈의/ 길이의 차는 몇 cm인가요?/ (단, 접히는 부분의 길이는 생각하지 않습니다.)

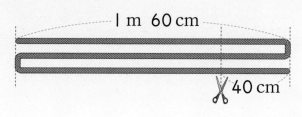

해결 전략

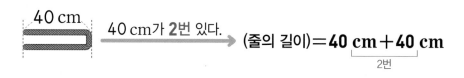

40 cm가 **2번** 있다. → (줄의 길이)=**40 cm+40 cm**
2번

※19년 하반기 21번 기출 유형

문제 풀기

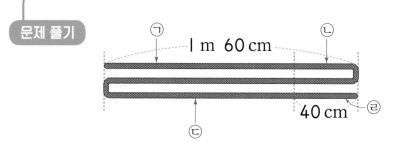

❶ (㉠의 길이)=1 m 60 cm−40 cm=☐ m ☐ cm

❷ (㉡의 길이)=

❸ (㉢의 길이)=

❹ (㉣의 길이)=☐ cm

❺ 가장 긴 끈과 가장 짧은 끈의 길이의 차 구하기

차: ☐ m ☐ cm−40 cm=☐ m=☐ cm

답 _____

관련 단원 길이 재기

기출 2 길이가 **6 m**인 끈을/ 길이가 **1 m 20 cm**인 도막으로 똑같이 잘라야 할 것을/ 잘못하여 길이가 **1 m ■ cm**인 도막으로 똑같이 잘랐더니/ **1** 도막이 적었고 남은 끈이 없었습니다./ **■**에 알맞은 수를 구하세요.

해결 전략

예 **6 m** 길이의 나무토막을 같은 길이로 자르기

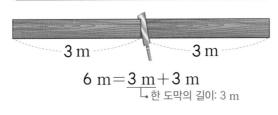

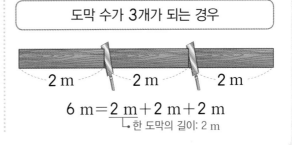

※17년 하반기 19번 기출 유형

문제 풀기

❶ **1 m 20 cm**씩 잘랐을 때의 도막 수 구하기

1 m 20 cm＋1 m 20 cm＋1 m 20 cm＋1 m 20 cm＋1 m 20 cm＝□ m

이므로 6 m를 1 m 20 cm씩 자르면 □ 도막이 된다.

❷ **1 m ■ cm**씩 잘랐을 때의 도막 수 구하기

1 m ■ cm씩 잘랐을 때는 5－1＝□ (도막)이다.

❸ **■**에 알맞은 수 구하기

6 m＝1 m 50 cm＋1 m 50 cm＋□ m □ cm＋□ m □ cm

이므로 잘못 자른 길이는 1 m □ cm이다. ➜ ■ ＝ □

답 _____

관련 단원 길이 재기

창의 3

체육 시간에 달리기를 하고 있습니다./ 미혜는 세희보다 3 m 55 cm 앞에 있고,/ 연두는 세희보다 1 m 70 cm 뒤에 있습니다./ 미혜는 연두보다 몇 cm 앞에 있나요?

해결 전략

미혜는 세희보다 3 m 55 cm 앞에 있고, **연두**는 세희보다 1 m 70 cm 뒤에 있습니다.

⬇

미혜는 세희보다 앞에 있고, **연두**는 세희보다 뒤에 있다.

⬇

미혜 → 세희 → **연두** 순서로 달리고 있다.

문제 풀기

❶ 세 사람의 위치를 그림으로 그려 알아보기

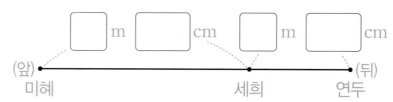

❷ 미혜와 연두 사이의 거리 구하기

(미혜와 연두 사이의 거리)=

❸ 미혜가 연두보다 몇 cm 앞에 있는지 구하기

미혜는 연두보다 ☐ m ☐ cm = ☐ cm 앞에 있다.

답 _____

관련 단원 길이 재기, 규칙 찾기

 융합 4

같은 크기의 벽돌을/ 다음과 같이 물 아래 바닥에 쌓았습니다./ 쌓은 벽돌 수와 쌓은 벽돌 윗부분으로부터 ※수면까지의 거리의 규칙을 찾아/ ㉠의 거리가 몇 m 몇 cm인지 구하세요.

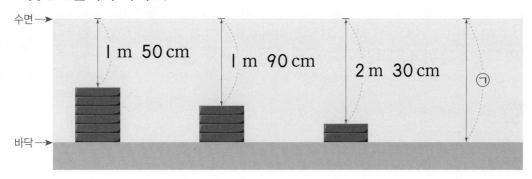

해결 전략

벽돌 수가 줄어들 때마다 벽돌 윗부분으로부터 수면까지의 거리는 늘어난다.

문제 풀기

📖 문해력 **어휘**

수면: 물의 겉에 보이는 면

❶ 쌓은 벽돌 수의 규칙 알아보기

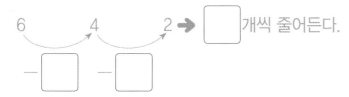

❷ 쌓은 벽돌 윗부분으로부터 수면까지의 거리의 규칙 알아보기

1 m 50 cm   1 m 90 cm   2 m 30 cm ➡ [   ] cm씩 늘어난다.

+ [   ] cm   + [   ] cm

❸ ㉠의 거리 구하기

(㉠의 거리)＝2 m 30 cm＋[   ] cm＝2 m [   ] cm

답 _____

수학 문해력 평가하기

문제를 읽고 조건을 표시하면서 풀어 봅니다.

100쪽 문해력 1

1 나뭇가지 위에 참새와 까치가 앉아 있습니다. 참새는 바닥으로부터 508 cm 높이의 나뭇가지 위에, 까치는 바닥으로부터 5 m 80 cm 높이의 나뭇가지 위에 있다면 어느 새가 더 높은 곳에 있나요?

풀이

답 _____

102쪽 문해력 2

2 내 태권도 띠의 길이는 160 cm이고, 아버지의 허리띠의 길이는 120 cm입니다. 내 태권도 띠로 3번 잰 길이를 아버지의 허리띠로 재면 몇 번인가요?

풀이

답 _____

104쪽 문해력 3

3 높이가 105 cm인 발판 위에 키가 1 m 34 cm인 지윤이가 올라섰더니 냉장고의 높이와 같아졌습니다. 냉장고의 높이는 몇 m 몇 cm인가요?

풀이

답 _____

106쪽 문해력 4

4 다음 그림에서 두 보라색 막대의 길이는 같습니다. 보라색 막대 한 개의 길이는 3 m 45 cm이고, 노란색 막대의 길이는 4 m 80 cm일 때, 초록색 막대의 길이는 몇 m 몇 cm인가요?

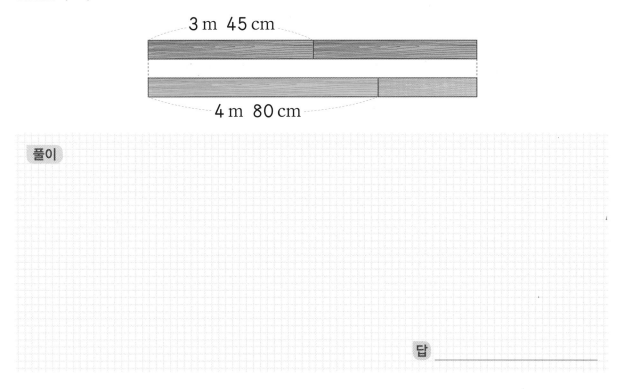

3 m 45 cm

4 m 80 cm

풀이

답 _____

100쪽 문해력 1

5 천재 키즈 카페에 있는 [※]트램펄린은 키가 110 cm보다 작은 어린이만 놀 수 있습니다. 주하의 키는 1 m 9 cm이고, 예리의 키는 1 m 12 cm 입니다. 트램펄린에서 놀 수 없는 어린이는 누구인가요?

풀이

답 _____

문해력 어휘 ╱◠

트램펄린: 스프링이 달린 사각형 모양의 매트 위에서 뛰어오르며 노는 기구

수학 문해력 평가하기

108쪽 문해력 5

6 ※고래 탐사선이 발견한 범고래의 몸길이는 혹등고래의 몸길이보다 12 m 16 cm 더 짧았고, 흰수염고래의 몸길이는 범고래의 몸길이보다 18 m 53 cm 더 길었습니다. 혹등고래의 몸길이가 18 m 40 cm였다면 흰수염고래의 몸길이는 몇 m 몇 cm인가요?

출처: © Craig Lambert Photography
/shutterstock

풀이

답 _____

104쪽 문해력 3

7 길이가 18 m 50 cm인 철사로 삼각형을 만들었더니 715 cm가 남았습니다. 삼각형을 만드는 데 사용한 철사의 길이는 몇 m 몇 cm인가요?

풀이

답 _____

112쪽 문해력 7

8 규칙에 따라 늘어놓은 수 2, 2, 8, 2, 2, 8, 2, 2, 8, …에서 15번째에는 어떤 수가 나오는지 구하세요.

풀이

답 _____

문해력 백과 📖

고래 탐사선: 고래를 자세히 조사하는 배

110쪽 문해력 6

9 길이가 375 cm인 리본을 한 번 잘랐더니 긴 도막이 짧은 도막보다 115 cm 더 깁니다. 짧은 도막의 길이는 몇 cm인가요?

그림 그리기

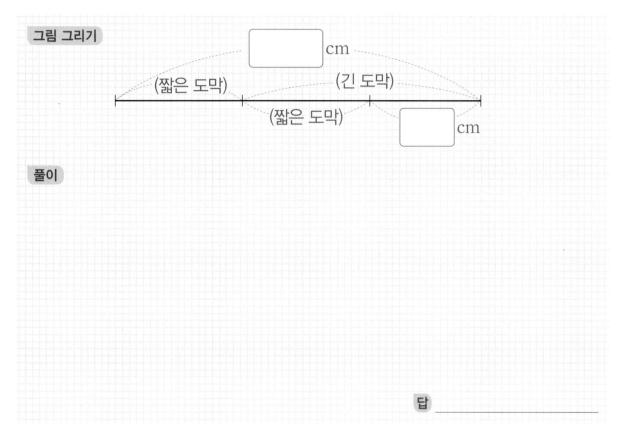

풀이

답 _____

114쪽 문해력 8

10 모형을 사용하여 규칙에 따라 만든 모양입니다. 여섯 번째 모양에 사용할 모형은 모두 몇 개인가요?

첫 번째   두 번째   세 번째

풀이

답 _____

복습책

빈틈없는
수준별 학습으로
빠져나갈 구멍 없이
완전봉쇄!

사고력

서술형

이제 긴 문제도
어렵지 않아요!

독해력

기본기와 서술형을 한 번에, 확실하게
수학 자신감은 덤으로!

수학리더 시리즈 (초1~6 / 학기용)

[연산]
(*예비초~초6/총14단계)

[개념]

[기본]

[유형]

[기본+응용]

[응용·심화]

[최상위]
(*초3~6)

1-1 유사 문제

1 호두알이 1000개씩 2자루, 100개씩 12상자, 낱개로 5개 있습니다. 호두알은 모두 몇 개인가요?

풀이

답 _____

1-2 유사 문제

2 지아는 마을에 있는 가장 오래된 나무의 나이를 조사해 보았습니다. 조사한 나무의 나이가 1000이 1개, 100이 2개, 10이 13개인 수와 같다면 이 나무는 몇 살인가요?

풀이

답 _____

1-3 유사 문제

3 마트에 비누가 1000개씩 3상자, 100개씩 17묶음, 낱개로 9개 있었습니다. 이 중에서 100개씩 4묶음이 팔렸다면 마트에 남은 비누는 몇 개인가요?

풀이

답 _____

2-1 유사 문제

4 준영이가 7500원이 들어 있는 저금통에 하루에 100원씩 5일 동안 저금을 하면 저금통에 들어 있는 돈은 모두 얼마인가요?

풀이

답 _____

2-2 유사 문제

5 현지는 자물쇠 비밀번호를 1개월마다 바꿉니다. 비밀번호는 매달 10씩 뛰어 세기 한 수로 바꾸었고 이번 달 비밀번호는 8100입니다. 5개월 전의 비밀번호는 무엇인가요?

풀이

답 _____

2-3 유사 문제

6 유빈이는 어떤 수에서 1000씩 4번 뛰어 세려고 했는데 잘못하여 100씩 4번 뛰어 세어 3540이 되었습니다. 유빈이가 바르게 뛰어 세기 했다면 얼마가 나오나요?

풀이

답 _____

3-1 유사 문제

1 수인이는 문구점에서 2000원짜리 볼펜 2자루를 사려고 합니다. 수인이가 가지고 있는 돈이 3000원이라면 더 필요한 돈은 얼마인가요?

풀이

답 _____

3-2 유사 문제

2 승아는 6200원을 가지고 있습니다. 편의점에서 4000원짜리 도시락을 1개 산다면 승아에게 남는 돈은 얼마인가요?

풀이

답 _____

3-3 유사 문제

3 재서는 8000원을 가지고 있습니다. 슈퍼마켓에서 4000원짜리 물건과 2000원짜리 물건을 1개씩 사고 나면 재서에게 남는 돈은 얼마인가요?

풀이

답 _____

4-1 유사 문제

4 은설이는 1000원짜리 지폐 2장, 500원짜리 동전 3개, 100원짜리 동전 5개를 가지고 있습니다. 2500원짜리 초콜릿 한 개를 살 때 초콜릿값에 꼭 맞게 돈을 낼 수 있는 방법은 모두 몇 가지인가요?

풀이

답 _____

4-1 유사 문제

5 유정이는 1000원짜리 지폐 1장, 500원짜리 동전 3개, 100원짜리 동전 10개를 가지고 있습니다. 1500원짜리 장난감을 한 개 살 때 장난감값에 꼭 맞게 돈을 낼 수 있는 방법은 모두 몇 가지인가요?

풀이

답 _____

4-2 유사 문제

6 재석이는 간식을 사러 편의점에 갔습니다. 김밥은 2000원, 소시지는 1000원, 젤리는 500원입니다. 재석이가 가지고 있는 돈 4000원에 꼭 맞게 사려고 할 때 간식을 살 수 있는 방법은 모두 몇 가지인가요? (단, 진열되어 있는 간식은 3개씩 있습니다.)

풀이

답 _____

5-1 유사 문제

1 팔린 아이스크림 수가 ㉠ 가게는 1547개, ㉡ 가게는 1600개, ㉢ 가게는 1520개입니다. 아이스크림이 가장 많이 팔린 곳은 어느 가게인가요?

풀이

답 _____

5-2 유사 문제

2 세영이가 알뜰 시장에서 산 물건의 가격은 모자가 4500원, 목도리가 4900원, 장갑이 4250원입니다. 가장 싼 것은 어느 것인가요?

풀이

답 _____

5-3 유사 문제

3 주아는 2학년 선생님들이 태어나신 해를 조사하였더니 1반 선생님은 1985년, 2반 선생님은 1981년, 3반 선생님은 1986년이었습니다. 먼저 태어나신 선생님부터 차례로 쓰세요.

풀이

답 _____

본책 21쪽의 유사 문제

6-1 유사 문제

4 종이에 네 자리 수가 적혀 있는데 백의 자리 숫자가 지워져서 보이지 않습니다. 종이에 적힌 수 6■28은 6549보다 작은 수일 때 ■가 될 수 있는 수를 모두 구하세요.

풀이

답 _____

6-2 유사 문제

5 지율이가 가지고 있는 입장권 번호는 36■9번입니다. 지율이보다 늦게 온 친구의 입장권 번호는 3642번일 때 ■가 될 수 있는 가장 큰 수를 구하세요. (단, 입장권은 온 순서대로 받고, 입장권 번호는 네 자리 수입니다.)

풀이

답 _____

6-3 유사 문제

6 하진이가 생각한 네 자리 수는 19■8입니다. 이 수는 1969보다 큰 수이고 각 자리 숫자가 모두 다릅니다. 하진이가 생각한 수를 구하세요.

풀이

답 _____

7-1 유사 문제

1 6000보다 크고 7000보다 작은 수 중에서 백의 자리 숫자는 2, 십의 자리 숫자는 4, 일의 자리 숫자는 천의 자리 숫자보다 2만큼 더 큰 수를 구하세요.

풀이

답 _____

7-2 유사 문제

2 9400보다 크고 9500보다 작은 수 중에서 십의 자리 숫자가 5이고, 일의 자리 숫자가 백의 자리 숫자보다 작은 수를 모두 구하세요.

풀이

답 _____

7-3 유사 문제

3 승기가 타는 버스 번호는 2300보다 크고 2400보다 작은 수 중에서 십의 자리 숫자는 5이고 백의 자리 숫자와 일의 자리 숫자의 합은 6인 수입니다. 승기가 타는 버스 번호를 구하세요.

풀이

답 _____

8-1 유사 문제

4 6장의 수 카드 | 1 |, | 1 |, | 3 |, | 3 |, | 5 |, | 5 | 중 4장을 한 번씩만 사용하여 십의 자리 숫자가 5인 네 자리 수를 만들려고 합니다. 만들 수 있는 수 중에서 가장 큰 수를 구하세요.

풀이

답 _____

8-2 유사 문제

5 6장의 수 카드 | 3 |, | 3 |, | 6 |, | 6 |, | 8 |, | 8 | 중 4장을 한 번씩만 사용하여 만들 수 있는 네 자리 수 중에서 둘째로 큰 수를 구하세요.

풀이

답 _____

8-3 유사 문제

6 정아는 | 4 |, | 5 |, | 6 | 이 적힌 수 카드를 각각 2장씩 가지고 있습니다. 정아가 가지고 있는 수 카드 중 4장을 한 번씩만 사용하여 백의 자리 숫자가 6인 네 자리 수를 만들려고 합니다. 만들 수 있는 수 중에서 둘째로 작은 수를 구하세요.

풀이

답 _____

기출1 유사 문제

1 뛰어 세는 규칙에 맞게 ㉠에 들어갈 수 있는 수는 모두 몇 개인가요?

5803 — … — 6403 — 6503 — 6603

㉠

풀이

답 _____

기출 변형

2 뛰어 세는 규칙에 맞게 ㉠에 들어갈 수 있는 수는 모두 몇 개인가요?

9250 — … — 4250 — 3250 — 2250

㉠

풀이

답 _____

3 네 자리 수의 크기를 비교한 것입니다. ㉠과 ㉡에 들어갈 수 있는 수를 (㉠, ㉡)으로 나타내면 모두 몇 가지인가요? (단, ㉠과 ㉡이 같은 수여도 됩니다.)

㉠927 > 89㉡3

풀이 ❶ ㉠이 될 수 있는 수 구하기

_____

❷ 나타낼 수 있는 (㉠, ㉡)을 모두 찾기

_____

_____

_____

_____

_____

❸ (㉠, ㉡)은 모두 몇 가지인지 구하기

_____

답 _____

1-1 유사 문제

1 성규네 반 학생들이 ※야영지에 놀러 갔습니다. 학생들이 텐트 한 개에 5명씩 6개의 텐트를 사용하게 되면 4명이 남습니다. 성규네 반 학생은 모두 몇 명인가요?

풀이

📖 문해력 어휘
야영지: 밖에서 천막을 치고 훈련을 하거나 쉬는 곳

답 _____

1-2 유사 문제

2 창고에 상자가 32개 있습니다. 아버지께서 상자를 트럭에 한 번에 2개씩 7번 옮겨 실었다면 창고에 남은 상자는 몇 개인가요?

풀이

답 _____

1-3 유사 문제

3 주환이는 한 상자에 4봉지씩 들어 있는 무지개떡을 5상자 샀고, 꿀떡은 무지개떡보다 3봉지 더 적게 샀습니다. 주환이가 산 무지개떡과 꿀떡은 모두 몇 봉지인가요?

풀이

답 _____

2-2 유사 문제

4 우리 한 곳에 오리가 2마리씩 있습니다. 우리 7곳에 있는 오리의 다리는 모두 몇 개인가요?

풀이

답 _____

2-3 유사 문제

5 혜림이는 한 상자에 4개씩 2줄로 들어 있는 ※포춘쿠키를 5상자 샀습니다. 이 중에서 15개를 친구들에게 나누어 주었다면 남은 포춘쿠키는 몇 개인가요?

풀이

출처: ©shutterdandan / shutterstock

📖 문해력 어휘

포춘쿠키: 운세 등이 쓰인 종이띠를 넣고 구운 쿠키

답 _____

문해력 레벨 **3**

6 주헌이는 한 봉지에 9개씩 들어 있는 사탕 4봉지와 한 봉지에 3개씩 2줄로 들어 있는 초콜릿 3봉지를 샀습니다. 주헌이가 산 사탕과 초콜릿은 모두 몇 개인가요?

풀이

답 _____

3-1 유사 문제

1 3단 곱셈구구의 값 중 5 × 4보다 큰 수를 모두 구하세요.

풀이

답 _____

3-2 유사 문제

2 8단 곱셈구구의 값 중 9 × 3보다 작은 수를 모두 구하세요.

풀이

답 _____

3-3 유사 문제

3 9단 곱셈구구의 값 중 5 × 8보다 크고 7 × 7보다 작은 수를 구하세요.

풀이

답 _____

본책 47쪽의 유사 문제

4-1 유사 문제

4 연수는 한 묶음에 5개씩 들어 있는 복숭아 통조림을 4묶음 샀고, 한 묶음에 6개씩 들어 있는 파인애플 통조림을 3묶음 샀습니다. 복숭아 통조림과 파인애플 통조림 중 더 많이 산 것은 어느 것인가요?

풀이

답 _____

4-2 유사 문제

5 쟁반에 김치만두가 8개씩 5줄로 놓여 있고, 고기만두가 4개씩 9줄로 놓여 있습니다. 김치만두와 고기만두 중 쟁반에 더 적게 놓여 있는 것은 어느 것인가요?

풀이

답 _____

4-3 유사 문제

6 농장에서 민희는 한라봉 70개를 따서 한 상자에 7개씩 8상자를 담았고, 태주는 한라봉 75개를 따서 한 상자에 9개씩 6상자를 담았습니다. 민희와 태주 중 상자에 담고 남은 한라봉이 더 적은 사람은 누구인가요?

풀이

답 _____

5-2 유사 문제

1 8과 어떤 수의 곱은 35보다 작습니다. 1부터 9까지의 수 중에서 어떤 수가 될 수 있는 수는 모두 몇 개인가요?

풀이

답 _____

5-3 유사 문제

2 어떤 수와 3의 곱은 20보다 큽니다. 1부터 9까지의 수 중에서 어떤 수가 될 수 있는 수는 모두 몇 개인가요?

풀이

답 _____

문해력 레벨 **3**

3 5와 어떤 수의 곱은 14보다 크고 36보다 작습니다. 1부터 9까지의 수 중에서 어떤 수가 될 수 있는 수는 모두 몇 개인가요?

풀이

답 _____

6-1 유사 문제

4 어떤 수에 4를 곱해야 할 것을 잘못하여 더했더니 13이 되었습니다. 바르게 계산한 값은 얼마인가요?

풀이

답 _____

6-2 유사 문제

5 어떤 수에서 5를 빼야 할 것을 잘못하여 곱했더니 35가 되었습니다. 바르게 계산한 값은 얼마인가요?

풀이

답 _____

6-3 유사 문제

6 어떤 수에 3씩 2번 뛰어 센 수를 곱해야 할 것을 잘못하여 7을 곱했더니 56이 되었습니다. 바르게 계산한 값은 얼마인가요?

풀이

답 _____

7-1 유사 문제

1 4장의 수 카드 5 , 6 , 3 , 9 중에서 2장을 뽑아 수 카드에 적힌 두 수의 곱을 구하려고 합니다. 나올 수 있는 가장 작은 곱은 얼마인지 구하세요.

풀이

답 _____

7-2 유사 문제

2 4장의 수 카드 4 , 8 , 2 , 9 중에서 2장을 뽑아 수 카드에 적힌 두 수의 곱을 구하려고 합니다. 나올 수 있는 가장 큰 곱은 얼마인지 구하세요.

풀이

답 _____

7-3 유사 문제

3 3장의 수 카드 5 , ☐ , 8 중 한 장은 뒤집혀서 수가 보이지 않습니다. 이 중에서 2장을 뽑아 수 카드에 적힌 두 수의 곱을 구했더니 0이 되었습니다. 위의 수 카드에서 다시 2장을 뽑아 곱했을 때 나올 수 있는 가장 큰 곱은 얼마인지 구하세요.

풀이

답 _____

8-1 유사 문제

4 냉장고에 달걀이 한 줄에 4개씩 9줄로 놓여 있습니다. 이 달걀을 한 줄에 6개씩 다시 놓는다면 몇 줄이 되나요?

풀이

답 _____

8-2 유사 문제

5 서우가 가지고 있는 젤리를 한 줄에 5개씩 6줄로 놓으면 2개가 남습니다. 이 젤리를 한 줄에 4개씩 다시 놓는다면 몇 줄이 되나요?

풀이

답 _____

기출1 유사 문제

1 |보기|와 같은 규칙에 따라 ㉠과 ㉡에 알맞은 수의 곱을 구하세요.

|보기|

	18				20				45	
4	6	3		2	5	4		3	9	5
	2				3				6	

	42	
㉠	6	㉡
	4	

풀이

답 _____

기출 변형

2 |보기|와 같은 규칙에 따라 ㉠과 ㉡에 알맞은 수의 곱을 구하세요.

|보기|

	7				4				5	
1	5	35		3	6	24		2	8	40
	5				2				4	

	㉠	
3	9	72
	㉡	

풀이

답 _____

기출 **2** 유사 문제

3 인범이와 종범이는 같은 해 같은 날 태어난 쌍둥이입니다. 인범, 종범, 아빠 세 사람의 나이의 합은 **45**살이고, 아빠의 나이는 인범이 나이의 **7**배입니다. 인범이의 나이는 몇 살인지 구하세요.

풀이

답 _____

기출 변형

4 진아와 세아는 같은 해 같은 날 태어난 쌍둥이입니다. 진아, 세아, 엄마 세 사람의 나이의 합은 **56**살이고, 엄마의 나이는 진아 나이의 **5**배입니다. 엄마의 나이는 몇 살인지 구하세요.

풀이

답 _____

1-1 유사 문제

1 수현이가 카페에 6시 35분에 들어가서 8시 40분에 나왔습니다. 수현이가 카페에 있었던 시간은 몇 시간 몇 분인가요?

풀이

답 _____

1-2 유사 문제

2 오른쪽은 유희가 탄 KTX 열차가 서울역을 출발한 시각과 순천역에 도착한 시각을 나타낸 것입니다. 서울역에서 순천역까지 가는 데 걸린 시간은 몇 시간 몇 분인가요?

풀이

출발한 시각  도착한 시각

답 _____

1-3 유사 문제

3 종혁이가 운동을 시작하면서 거울에 비친 시계를 보았더니 오른쪽과 같았습니다. 운동을 9시 57분에 끝냈다면 종혁이가 운동을 한 시간은 몇 시간 몇 분인가요?

풀이

답 _____

2-1 유사 문제

4 신영이는 3시간 10분 동안 영화를 보았습니다. 영화가 끝난 시각이 오른쪽과 같다면 영화가 시작한 시각은 몇 시 몇 분인가요?

풀이

답 _____

2-2 유사 문제

5 신영이의 어머니는 11시 30분에 출발하는 비행기를 타려고 합니다. 집에서 공항까지 가는 데 1시간 20분이 걸립니다. 비행기가 출발하기 30분 전에 공항에 도착하려면 집에서 몇 시 몇 분에 나와야 하나요?

풀이

답 _____

2-3 유사 문제

6 유리네 학교 2학년 학생들은 목장으로 체험 학습을 갔습니다. 1시간 45분 동안 아이스크림 만들기 체험을 하고, 바로 이어서 1시간 30분 동안 치즈 만들기 체험을 하고 나니 4시 20분이었습니다. 아이스크림 만들기 체험을 시작한 시각은 몇 시 몇 분인가요?

풀이

답 _____

2일 복습

3-1 유사 문제

1 오른쪽 시계는 오늘 오전에 영서와 진태가 일어난 시각을 나타낸 것입니다. 더 늦게 일어난 사람은 누구인가요?

풀이

답 _____

3-2 유사 문제

2 오늘 오전에 서아, 민재, 은우가 각자 도서관에 도착한 시각입니다. 도서관에 가장 먼저 도착한 사람은 누구인가요?

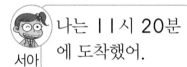 서아: 나는 11시 20분에 도착했어.

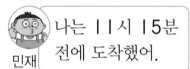 민재: 나는 11시 15분 전에 도착했어.

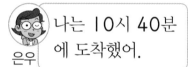 은우: 나는 10시 40분에 도착했어.

풀이

답 _____

문해력 레벨 2

3 오늘 오후에 민준이와 선영이가 각자 학교에서 나온 시각입니다. 학교에서 먼저 나온 사람은 누구인가요?

> 민준: 나는 짧은바늘이 3과 4 사이를 가리키고 긴바늘이 5를 가리킬 때 나왔어.
> 선영: 나는 4시 10분 전에 나왔어.

풀이

답 _____

4-1 유사 문제

4 정은이가 가지고 있던 시계의 배터리가 닳아서 멈췄습니다. 멈춘 시계가 가리키는 시각은 오전 9시였고, 시계의 긴바늘을 시계 방향으로 7바퀴 돌려서 현재 시각으로 맞추어 놓았다면 현재 시각은 오후 몇 시인가요?

풀이

답 _____

4-2 유사 문제

5 현재 시각은 오전 4시 15분입니다. 현재 시각에서 시계의 짧은바늘이 시계 방향으로 1바퀴 돌았을 때 가리키는 시각을 구하세요.

풀이

알맞은 말에 ○표 하기

답 (오전 , 오후) _____

4-3 유사 문제

6 서울특별시의 시각은 캐나다의 대표 도시인 밴쿠버의 시각보다 긴바늘을 시계 방향으로 17바퀴 돌린 것만큼 빠릅니다. 현재 밴쿠버의 시각이 1월 25일 오후 6시일 때 서울특별시의 시각은 1월 며칠 몇 시인가요?

풀이

답 _____

본책 **79쪽**의 유사 문제
• 정답과 해설 29쪽

5-1 유사 문제

1 서울에 있는 고속버스 터미널에서 경주로 가는 버스는 첫차가 오전 6시 20분에 출발하고, 30분마다 1대씩 출발합니다. 3번째로 출발하는 버스는 오전 몇 시 몇 분에 출발하나요?

풀이

답 _____

5-2 유사 문제

2 승주네 가족은 설악산에 가려고 합니다. 서울역에서 설악산까지 가는 버스는 첫차가 오전 8시 10분에 출발하고, 40분마다 1대씩 운행합니다. 승주네 가족이 오전 10시에 서울역에 도착했다면 가장 빨리 탈 수 있는 버스는 오전 10시 몇 분에 출발하나요?

풀이

답 _____

5-3 유사 문제

3 현준이네 학교에서는 오전 9시 15분에 1교시 수업을 시작하여 45분 동안 수업을 하고 10분 동안 쉽니다. 3교시 수업을 시작하는 시각은 오전 몇 시 몇 분인가요?

풀이

답 _____

6-1 유사 문제

4 Ⅰ시간에 3분씩 느려지는 시계가 있습니다. 이 시계의 시각을 오늘 오전 9시에 정확하게 맞추었다면 오늘 오후 2시에 이 시계가 나타내는 시각은 오후 몇 시 몇 분인가요?

풀이

답 _____

6-2 유사 문제

5 교실의 시계가 Ⅰ시간에 4분씩 빠르게 가고 있습니다. 이 시계의 시각을 오늘 오후 8시에 정확하게 맞추었다면 내일 오전 4시에 이 시계가 나타내는 시각은 오전 몇 시 몇 분인가요?

풀이

답 _____

7-1 유사 문제

1 올해 4월 달력의 일부분이 다음과 같이 찢어졌습니다. 정수가 올해 4월 27일에 줄넘기 대회에 참가한다면 줄넘기 대회에 참가하는 날은 무슨 요일인가요?

4월

일	월	화	수	목	금	토
			1	2	3	4
5	6					

풀이

답 _____

7-2 유사 문제

2 올해 5월 달력의 일부분이 다음과 같이 찢어졌습니다. 미연이가 올해 5월의 마지막 날에 미술 전시회에 간다면 미술 전시회에 가는 날은 무슨 요일인가요?

5월

일	월	화	수	목	금	토
		1	2	3	4	5
6						

풀이

답 _____

8-1 유사 문제

3 오늘은 4월 17일입니다. 오늘부터 32일 후에 윤후네 학교에서 축구 대회가 열립니다. 축구 대회가 열리는 날짜는 몇 월 며칠인가요?

풀이

답 _____

8-2 유사 문제

4 오늘은 5월 4일입니다. 오늘부터 75일 후가 지원이의 생일이라면 지원이의 생일은 몇 월 며칠인가요?

풀이

답 _____

8-3 유사 문제

5 준재는 캐나다로 *어학연수를 떠납니다. 준재가 2022년 2월 16일에 출국하여 22개월 후에 우리나라에 입국한다면 우리나라에 입국하는 날짜는 몇 년 몇 월 며칠인가요?

풀이

📖 문해력 어휘

어학연수: 외국어를 배우기 위하여 외국에 가서 그 나라의 말과 생활을 직접 배우는 학습 방법

답 _____

기출1 유사 문제

1 태욱이의 생일은 1월의 마지막 날입니다. 규성이는 태욱이보다 1주일 먼저 태어나고 희찬이는 규성이보다 72시간 전에 태어났을 때 희찬이의 생일은 1월 며칠인지 구하세요.

풀이

답 _____

기출 변형

2 지나의 생일은 6월의 마지막 날입니다. 세희는 지나보다 2주일 먼저 태어나고 하리는 세희보다 48시간 후에 태어났을 때 하리의 생일은 6월 며칠인지 구하세요.

풀이

답 _____

기출2 유사 문제

3 어느 날 오전에 정우가 처음 시계를 보았을 때 짧은바늘은 10과 11 사이를 가리키고, 긴바늘은 3을 가리키고 있었습니다. 같은 날 얼마 동안의 시간이 지난 뒤 거울에 비친 시계를 보았더니 정우가 처음 시계를 보았을 때와 짧은바늘과 긴바늘의 위치가 각각 같았습니다. 거울에 비친 시계가 나타내는 시각은 몇 시 몇 분인가요?

풀이 ❶ 처음 본 시계에 시곗바늘 그리기

❷ 얼마 동안의 시간이 지난 뒤 거울에 비친 시계에 시곗바늘을 그리고 시각 구하기

_____

_____

답 _____

기출 변형

4 어느 날 오전에 연희가 처음 거울에 비친 시계를 보았을 때 짧은바늘은 7과 8 사이를 가리키고, 긴바늘은 1을 가리키고 있었습니다. 같은 날 얼마 동안의 시간이 지난 뒤 시계를 보았더니 연희가 처음 거울에 비친 시계를 보았을 때와 짧은바늘과 긴바늘의 위치가 각각 같았습니다. 시계가 나타내는 시각은 몇 시 몇 분인가요?

풀이 ❶ 처음 거울에 비친 시계에 시곗바늘 그리기

❷ 얼마 동안의 시간이 지난 뒤 본 시계에 시곗바늘을 그리고 시각 구하기

_____

_____

답 _____

1-1 유사 문제

1 우리 집 현관문의 높이는 245 cm이고, 방문의 높이는 2 m 5 cm 입니다. 높이가 더 높은 문은 어느 것인가요?

풀이

답 _____

1-2 유사 문제

2 내 방 긴 쪽 벽의 길이는 200 cm입니다. 책상의 길이는 1 m 90 cm이고, 침대의 길이는 2 m 5 cm입니다. 책상과 침대 중 내 방 벽에 놓을 수 없는 것은 어느 것인가 요?

풀이

답 _____

1-3 유사 문제

3 식목일에 사랑 초등학교에서는 소나무, 단풍나무, 은행나무를 한 그루씩 심었습니다. 심은 소나무의 높이는 5 m 75 cm, 단풍나무의 높이는 490 cm, 은행나무의 높이는 550 cm입니다. 가장 높은 나무는 어느 것인가요?

풀이

답 _____

2-1 유사 문제

4 내 리본의 길이는 90 cm이고, 누나의 리본의 길이는 120 cm입니다. 내 리본으로 4번 잰 길이를 누나의 리본으로 재면 몇 번인가요?

풀이

답 _____

2-2 유사 문제

5 숟가락 한 개로 40 cm를 넘는 길이를 어림하려고 합니다. 숟가락의 길이가 14 cm일 때, 적어도 몇 번을 재어야 40 cm가 넘나요?

풀이

답 _____

2-3 유사 문제

6 은유의 걸음으로 8걸음을 걸은 거리를 재었더니 3 m입니다. 은유가 같은 걸음으로 걸어서 9 m를 어림하려면 몇 걸음을 걸어야 하나요?

풀이

답 _____

3-1 유사 문제

1 운동장 바닥에 예민이가 1 m 22 cm 길이로 선을 긋고, 이어서 세련이가 105 cm 길이로 선을 그었습니다. 두 사람이 그은 선의 길이는 모두 몇 m 몇 cm인가요?

풀이

답 _____

3-2 유사 문제

2 어머니께서 ※뜨개질로 목도리를 만들고 계십니다. 길이가 8 m 50 cm인 털실 ※뭉치에서 목도리를 만드는 데 435 cm를 사용했다면 남은 털실의 길이는 몇 m 몇 cm인가요?

풀이

> **문해력 어휘** 📖
>
> 뜨개질: 옷이나 장갑 따위를 실이나 털실로 떠서 만드는 일
> 뭉치: 한데 뭉치거나 말거나 감은 덩이

답 _____

문해력 레벨 **3**

3 민주 방의 천장 높이는 2 m 50 cm입니다. 높이가 210 cm인 책장 위에 상자 한 개를 올려놓았더니 천장까지 5 cm 높이만큼 비어 있습니다. 올려놓은 상자의 높이는 몇 cm인가요?

풀이

답 _____

4-2 유사 문제

4 다음 그림에서 ㉠에서 ㉡까지의 거리는 ㉡에서 ㉣까지의 거리와 같습니다. ㉠에서 ㉡까지의 거리가 6 m 22 cm이고, ㉠에서 ㉢까지의 거리가 9 m 14 cm일 때, ㉢에서 ㉣까지의 거리는 몇 m 몇 cm인가요?

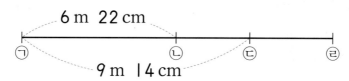

풀이

답 _____

문해력 레벨 **3**

5 지호네 집에서 학교까지의 거리는 95 m 68 cm이고, 편의점에서 학교까지의 거리는 60 m 38 cm입니다. 지호가 집에서 출발하여 편의점까지 갔다가 돌아온 거리는 몇 m 몇 cm인가요?

95 m 68 cm

지호네 집   편의점   60 m 38 cm   학교

풀이

답 _____

5-1 유사 문제

1 빨간색 건물의 높이는 초록색 건물의 높이보다 1 m 34 cm 더 낮고, 보라색 건물의 높이는 빨간색 건물의 높이보다 1 m 3 cm 더 높습니다. 초록색 건물의 높이가 9 m 55 cm일 때, 보라색 건물의 높이는 몇 m 몇 cm인가요?

풀이

답 _____

5-2 유사 문제

2 ※캣 타워에 고양이 3마리가 앉아 있습니다. 하양이는 까망이보다 15 cm 더 높은 곳에, 뚱이는 까망이보다 1 m 8 cm 더 높은 곳에 앉아 있습니다. 하양이가 2 m 25 cm 높이에 앉아 있을 때, 뚱이가 앉아 있는 곳의 높이는 몇 m 몇 cm인가요?

풀이

📖 **문해력 어휘**

캣 타워: 고양이가 놀 수 있도록 탑처럼 높게 만든 것.

답 _____

5-3 유사 문제

3 밧줄의 길이는 우산보다 1 m 35 cm 더 길고, 창문 긴 쪽의 길이는 밧줄과 우산을 겹치지 않게 길게 연결한 길이보다 1 m 20 cm 더 짧습니다. 우산의 길이가 1 m 15 cm 일 때, 창문 긴 쪽의 길이는 몇 m 몇 cm인가요?

풀이

답 _____

6-1 유사 문제

4 길이가 330 cm인 끈을 한 번 잘랐더니 긴 도막이 짧은 도막보다 30 cm 더 깁니다. 짧은 도막의 길이는 몇 cm인가요?

그림 그리기

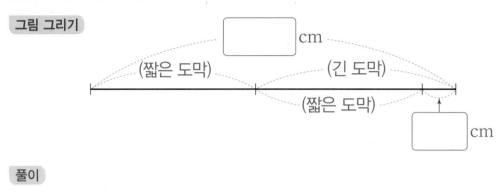

풀이

답 _____

6-2 유사 문제

5 길이가 180 cm인 리본을 한 번 잘랐더니 긴 도막이 짧은 도막보다 20 cm 더 깁니다. 긴 도막의 길이는 몇 cm인가요?

그림 그리기

풀이

답 _____

7-1 유사 문제

1 규칙에 따라 늘어놓은 수 1, 8, 3, 1, 8, 3, 1, 8, 3, ...에서 19번째에는 어떤 수가 나오는지 구하세요.

풀이

답 _____

7-2 유사 문제

2 규칙에 따라 여러 가지 모양을 차례로 그린 것입니다. 18번째에는 어떤 모양을 그려야 하나요?

풀이

답 _____

7-3 유사 문제

3 규칙에 따라 늘어놓은 수 7, 2, 6, 4, 7, 2, 6, 4, 7, 2, 6, 4, ...에서 20번째 수까지 늘어놓았을 때 6은 모두 몇 번 나오나요?

풀이

답 _____

8-1 유사 문제

4 지후가 검은 돌과 흰 돌을 이용하여 규칙을 정해 늘어놓고 있습니다. 이 규칙으로 여섯 번째 모양에서 사용한 검은 돌은 몇 개인지 구하세요.

첫 번째   두 번째   세 번째

풀이

답 _____

8-2 유사 문제

5 동전이 놓여 있는 규칙을 찾아 다섯 번째에 놓이는 100원짜리 동전의 금액의 합을 구하세요.

첫 번째   두 번째   세 번째

풀이

답 _____

기출1 유사 문제

1 끈 한 개를 그림과 같이 2번 접어 점선을 따라 잘랐더니 4개의 끈이 생겼습니다. 이 중 가장 긴 끈과 두 번째로 짧은 끈의 길이의 차는 몇 m 몇 cm인가요? (단, 접히는 부분의 길이는 생각하지 않습니다.)

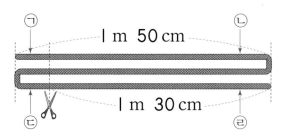

풀이

답 _____

기출 변형

2 끈 한 개를 그림과 같이 2번 접어 점선을 따라 잘랐더니 3개의 끈이 생겼습니다. 이 중 가장 긴 끈과 가장 짧은 끈의 길이의 차는 몇 m 몇 cm인가요? (단, 접히는 부분의 길이는 생각하지 않습니다.)

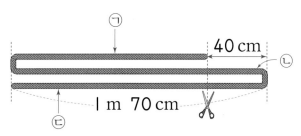

풀이

답 _____

본책 117쪽의 유사 문제
· 정답과 해설 32쪽

기출 2 유사 문제

3 길이가 3 m 60 cm인 끈을 길이가 1 m 20 cm인 도막으로 똑같이 잘라야 할 것을 잘못하여 길이가 ■ cm인 도막으로 똑같이 잘랐더니 1도막이 많았고 남은 끈이 없었습니다. ■에 알맞은 수를 구하세요.

풀이

답 _____

기출 변형

4 길이가 9 m인 끈을 길이가 1 m 80 cm인 도막으로 똑같이 잘라야 할 것을 잘못하여 길이가 ■ cm인 도막으로 똑같이 잘랐더니 2도막이 적었고 남은 끈이 없었습니다. ■에 알맞은 수를 구하세요.

풀이

답 _____

독해가 힘이다를 더! 완벽하게 만들어주는
보충 자료를 받아보시겠습니까?

YES	NO

ACA에는 다~ 있다!
https://aca.chunjae.co.kr/

뭘 좋아할지 몰라 다 준비했어♥
전과목 교재

전과목 시리즈 교재

●무등생 해법시리즈

– 국어/수학	1~6학년, 학기용
– 사회/과학	3~6학년, 학기용
– 봄·여름/가을·겨울	1~2학년, 학기용
– SET(전과목/국수, 국사과)	1~6학년, 학기용

●똑똑한 하루 시리즈

– 똑똑한 하루 독해	예비초~6학년, 총 14권
– 똑똑한 하루 글쓰기	예비초~6학년, 총 14권
– 똑똑한 하루 어휘	예비초~6학년, 총 14권
– 똑똑한 하루 한자	예비초~6학년, 총 14권
– 똑똑한 하루 수학	1~6학년, 학기용
– 똑똑한 하루 계산	예비초~6학년, 총 14권
– 똑똑한 하루 도형	예비초~6학년, 총 8권
– 똑똑한 하루 사고력	1~6학년, 학기용
– 똑똑한 하루 사회/과학	3~6학년, 학기용
– 똑똑한 하루 봄/여름/가을/겨울	1~2학년, 총 8권
– 똑똑한 하루 안전	1~2학년, 총 2권
– 똑똑한 하루 Voca	3~6학년, 학기용
– 똑똑한 하루 Reading	초3~초6, 학기용
– 똑똑한 하루 Grammar	초3~초6, 학기용
– 똑똑한 하루 Phonics	예비초~초등, 총 8권

●독해가 힘이다 시리즈

– 초등 문해력 독해가 힘이다 비문학편	3~6학년
– 초등 수학도 독해가 힘이다	1~6학년, 학기용
– 초등 문해력 독해가 힘이다 문장제수학편	1~6학년, 총 12권

영어 교재

●초등영어 교과서 시리즈

파닉스(1~4단계)	3~6학년, 학년용
영단어(1~4단계)	3~6학년, 학년용

●LOOK BOOK 영단어	3~6학년, 단행본
●원서 읽는 LOOK BOOK 영단어	3~6학년, 단행본

국가수준 시험 대비 교재

●해법 기초학력 진단평가 문제집	2~6학년·중1 신입생, 총 6권

정답과 해설

2-B

문장제 수학편

천재교육

정답과 해설
포인트 3가지

▶ 혼자서도 이해할 수 있는 친절한 문제 풀이

▶ 문제 해결에 꼭 필요한 핵심 전략 제시

▶ 참고, 주의, 다르게 풀기 등 자세한 풀이 제시

1주 네 자리 수

1 2140 » 2140

2 4000 » 4000개

3 2500 » 2500자루

4 ( ) (○) » 토끼 인형

5 ( ) (△) » 빨간색 풍선

6 (△) ( ) » 은우

---

3 1000이 2개, 100이 5개인 수는 2500이다.

4 1240<2400이므로 더 많은 것은 토끼 인형이다.
└1<2┘

5 4600>4290이므로 더 적은 것은 빨간색 풍선
└6>2┘
이다.

6 7230<7400이므로 번호가 더 작은 사람은 은
└2<4┘
우이다.

1 3, 3000 / 3000그루

2 3, 4, 5340 / 5340원

3 1070개

4 4300, 4400, 4500, 4600 / 4600

5 3090, 3100, 3110, 3120, 3130 / 3130

6 >, 사과 / 사과

7 시환

---

3 1000이 1개, 10이 7개인 수 ➡ 1070

4 100씩 뛰어 세면 백의 자리 숫자가 1씩 커진다.

5 10씩 뛰어 세면 십의 자리 숫자가 1씩 커진다.

7 1460<1700이므로 길이가 더 짧은 털실을 가
지고 있는 사람은 시환이다.

문해력 문제 1

풀기 ❶ 1   ❷ 4, 7, 4705

답 4705장

1-1 9330장   **1-2** 4840개   **1-3** 6408개

문해력 문제 1

❶
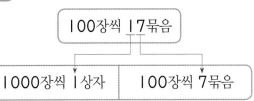

100장씩 17묶음은
1000장씩 1상자, 100장씩 7묶음과 같다.

❷ 색종이는
1000장씩 3+1=4(상자) ┐
100장씩 7묶음   ├ 4705장
낱장 5장   ┘

1-1 ❶ 100장씩 13묶음은 1000장씩 1상자,
100장씩 3묶음과 같다.

❷ 따라서 도화지는 1000장씩 8+1=9(상자),
100장씩 3묶음, 10장씩 3묶음 있는 것과
같으므로 모두 9330장이다.

1-2 ❶ 10이 24개인 수는 100이 2개, 10이 4개
인 수와 같다.

❷ 따라서 오늘 구운 쿠키는 1000이 4개, 100
이 6+2=8(개), 10이 4개인 수와 같으므로
모두 4840개이다.

1-3 ❶ 손난로는 모두 1000개씩 5상자, 100개씩
7+7=14(묶음), 낱개로 8개이다.

❷ 100개씩 14묶음은 1000개씩 1상자, 100개
씩 4묶음과 같다.

❸ 따라서 손난로는 1000개씩 5+1=6(상자),
100개씩 4묶음, 낱개로 8개 있는 것과 같으
므로 모두 6408개이다.

1주 1일 12 ~ 13쪽

문해력 문제 2

전략 1000, 4

풀이 ❶ 4253, 5253, 6253, 7253 ❷ 7253

답 7253개

2-1 2900점   **2-2** 1500원   **2-3** 7930

2-1 ❶ 2500-2600-2700-2800-2900
❷ 하영이의 점수: 2900점

2-2 ❶ 6500부터 1000씩 거꾸로 5번 뛰어 세기
6500-5500-4500-3500-2500
-1500
❷ 저금통에 남아 있는 돈: 1500원

2-3 ❶ 5230-6230-7230-8230
➡ 어떤 수는 8230이다.
❷ 8230-8130-8030-7930
➡ 바르게 뛰어 세기 했다면 7930이 나온다.

참고
❶ 5230부터 1000씩 3번 뛰어 세기 한다.
❷ 8230부터 100씩 거꾸로 3번 뛰어 세기 한다.

1주 1일 14 ~ 15쪽

문해력 문제 3

풀이 ❶ 3, 6 ❷ 4 ❸ 6, 2, 2000

답 2000원

3-1 3000원   **3-2** 2500원   **3-3** 1000원

3-1 ❶ 물건 2개의 값은 1000원짜리 지폐로
4+4=8(장)과 같다.
❷ 5000원은 1000원짜리 지폐로 5장과 같다.
❸ 따라서 1000원짜리 지폐 8-5=3(장)이
더 필요하므로 더 필요한 돈은 3000원이다.

참고
1000원짜리 지폐가 1장, 2장, 3장, ...이면
1000원, 2000원, 3000원, ...이다.
➡ 1000원짜리 지폐 ■장: ■000원

3-2 ❶ 8500원은 1000원짜리 지폐로 8장, 100원
짜리 동전으로 5개와 같다.
❷ 6000원은 1000원짜리 지폐로 6장과 같다.
❸ 따라서 1000원짜리 지폐 8-6=2(장),
100원짜리 동전 5개가 남으므로 남는 돈은
2500원이다.

3-3 ❶ 9000원은 1000원짜리 지폐로 9장과 같다.
❷ 물건 2개의 값은 1000원짜리 지폐로
3+5=8(장)과 같다.
❸ 따라서 1000원짜리 지폐 9-8=1(장)이
남으므로 남는 돈은 1000원이다.

1주 2일 16 ~ 17쪽

문해력 문제 4

풀이 ❶ 5개, 5개, 10개 ❷ 4

답 4가지

4-1 4가지   **4-2** 5가지

4-1 ❶ 2000원 만들기

	1000원	500원	100원
방법 1	2장	0개	0개
방법 2	1장	2개	0개
방법 3	1장	1개	5개
방법 4	0장	3개	5개

❷ 머리핀값을 낼 수 있는 방법: 4가지

4-2 ❶ 3000원에 꼭 맞게 준비물 사기

	윷	팽이	구슬
방법 1	1개	1개	0개
방법 2	1개	0개	2개
방법 3	0개	3개	0개
방법 4	0개	2개	2개
방법 5	0개	1개	4개

❷ 준비물을 살 수 있는 방법: 5가지

1주 일 · 18~19쪽

문해력 문제 5

전략 많은에 ○표

풀이 ❶ 8900, 8300, 9020   ❷ 재아

답 재아

5-1 노란색   5-2 스케치북

5-3 아시안 게임, 올림픽, 월드컵

문해력 문제 5

참고

가장 적은 가장 짧은 가장 싼	가장 많은 가장 긴 가장 비싼
↓	↓
가장 작은 수 찾기	가장 큰 수 찾기

5-1 ❶ 1230<1250<1310이므로 가장 짧은 길이는 1230 cm이다.

❷ 가장 짧은 테이프는 노란색이다.

주의

길이가 가장 짧은 것을 구해야 하므로 가장 작은 수를 찾는다.

5-2 ❶ 2700>2300>1800이므로 가장 비싼 가격은 2700원이다.

❷ 가장 비싼 것은 스케치북이다.

주의

가격이 가장 비싼 것을 구해야 하므로 가장 큰 수를 찾는다.

5-3 ❶ 1986<1988<2002이므로 연도가 빠른 것부터 차례로 쓰면 1986년, 1988년, 2002년이다.

❷ 먼저 열린 대회부터 차례로 쓰면 아시안 게임, 올림픽, 월드컵이다.

주의

먼저 열린 대회부터 차례로 구해야 하므로 작은 수부터 차례로 알아본다.

1주 일 · 20~21쪽

문해력 문제 6

풀이 ❶ >   ❷ >, <, 없다에 ○표, 9

답 9

6-1 0, 1, 2, 3   6-2 5

6-3 8976

6-1 ❶ 21■6<2140

❷ • 천의 자리 숫자와 백의 자리 숫자가 같으므로 십의 자리 숫자를 비교하면 ■<4이다.

• ■가 4도 될 수 있는지 확인해 보면 2146>2140이므로 ■는 4가 될 수 없다. 따라서 ■가 될 수 있는 수는 0, 1, 2, 3이다.

6-2 ❶ 1543<1■62

참고

먼저 온 친구보다 늦게 온 친구의 입장권 번호가 더 크다.

❷ • 천의 자리 숫자가 같으므로 백의 자리 숫자를 비교하면 5<■이다.

• ■가 5도 될 수 있는지 확인해 보면 1543<1562이므로 ■는 5도 될 수 있다. 따라서 ■가 될 수 있는 수는 5, 6, 7, 8, 9이다.

❸ ■가 될 수 있는 가장 작은 수는 5이다.

6-3 ❶ 89■6>8960

❷ • 천의 자리 숫자와 백의 자리 숫자가 같으므로 십의 자리 숫자를 비교하면 ■>6이다.

• ■가 6도 될 수 있는지 확인해 보면 8966>8960이므로 ■는 6도 될 수 있다. 따라서 ■가 될 수 있는 수는 6, 7, 8, 9이다.

❸ 각 자리 숫자가 모두 다르다고 하였으므로 ■는 7이다.

➡ 주하가 생각한 수: 8976

참고

각 자리 숫자가 모두 다르다고 하였으므로 ■는 6, 8, 9가 될 수 없다.

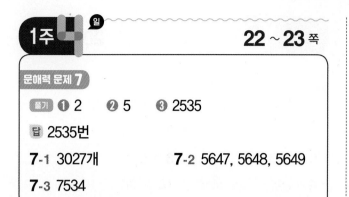

1주 4일 **22~23쪽**

문해력 문제 7

풀기 ❶ 2   ❷ 5   ❸ 2535

답 2535번

7-1 3027개   **7-2** 5647, 5648, 5649

7-3 7534

7-1 ❶ 천의 자리 숫자: 3

참고

3000< 3 □ □ □ <4000
↓
천의 자리 숫자: 3

❷ 일의 자리 숫자: 7

❸ 예준이가 접은 종이학 수: 3027개

7-2 ❶ 천의 자리 숫자: 5, 백의 자리 숫자: 6

참고

5600< 5 6 □ □ <5700
↓
천의 자리 숫자: 5, 백의 자리 숫자: 6

❷ 일의 자리 숫자가 될 수 있는 숫자: 7, 8, 9

참고

백의 자리 숫자 6보다 큰 수는 7, 8, 9이므로 일의 자리 숫자가 될 수 있는 숫자는 7, 8, 9이다.

❸ 조건을 만족하는 수: 5647, 5648, 5649

7-3 ❶ 천의 자리 숫자: 7, 백의 자리 숫자: 5

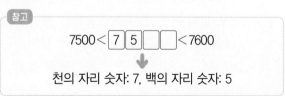

참고

7500< 7 5 □ □ <7600
↓
천의 자리 숫자: 7, 백의 자리 숫자: 5

❷ 5와 더하여 9가 되는 수는 4이므로 일의 자리 숫자는 4이다.

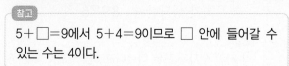

참고

5+□=9에서 5+4=9이므로 □ 안에 들어갈 수 있는 수는 4이다.

❸ 민재의 컴퓨터 비밀번호: 7534

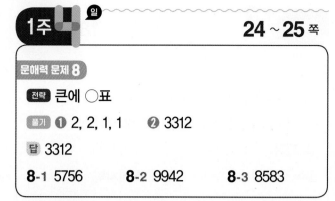

1주 4일 **24~25쪽**

문해력 문제 8

전략 큰에 ○표

풀기 ❶ 2, 2, 1, 1   ❷ 3312

답 3312

8-1 5756   **8-2** 9942   **8-3** 8583

문해력 문제 8

❷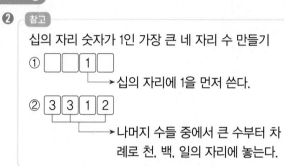

참고

십의 자리 숫자가 1인 가장 큰 네 자리 수 만들기
① □ □ 1 □ → 십의 자리에 1을 먼저 쓴다.
② 3 3 1 2 → 나머지 수들 중에서 큰 수부터 차례로 천, 백, 일의 자리에 놓는다.

8-1 ❶ 작은 수부터 차례로 쓰기: 5, 5, 6, 6, 7, 7

❷ 백의 자리 숫자가 7인 가장 작은 네 자리 수: 5756

8-2 ❶ 큰 수부터 차례로 쓰기: 9, 9, 4, 4, 2, 2

❷ 가장 큰 네 자리 수: 9944

❸ 둘째로 큰 네 자리 수: 9942

참고

둘째로 큰 네 자리 수를 만들려면 먼저 가장 큰 네 자리 수를 만들어 본다.
가장 큰 네 자리 수: 9944
↓ 일의 자리 숫자만 바꾸기
둘째로 큰 네 자리 수: 9942
이때 가지고 있는 수 카드의 개수를 넘지 않게 사용하도록 주의한다.

8-3 ❶ 큰 수부터 차례로 쓰기: 8, 8, 5, 5, 3, 3

❷ 백의 자리 숫자가 5인 가장 큰 네 자리 수: 8585

❸ 백의 자리 숫자가 5인 둘째로 큰 네 자리 수: 8583

참고

백의 자리 숫자가 5인 가장 큰 네 자리 수: 8 5 85
↓ 일의 자리 숫자만 바꾸기
백의 자리 숫자가 5인 둘째로 큰 네 자리 수: 8 5 83

1주 일 26~27쪽

기출 1

❶ 백에 ○표, 100

❷ 2795, 2895, 2995, 3095, 3195, 3295

❸ 6

답 6개

기출 2

❶ 1, 2

❷ 0, 9 / 0, 1, 2, 3, 4, 5, 6, 7, 8, 9 / 5, 9 / 5, 6, 7, 8, 9

❸ 10+5=15(가지)

답 15가지

기출 2

❷ 참고

○=2인 경우 2428<2○20에서

· 천의 자리 숫자가 같으므로 백의 자리 숫자를 비교하면 4<○이다.
· ○에 4도 들어갈 수 있는지 확인해 보면 2428>2420이므로 ○에 4는 들어갈 수 없다. 따라서 ○에 들어갈 수 있는 수는 5, 6, 7, 8, 9 이다.

1주 일 28~29쪽

융합 3

❶ 5300

❷ 2200, 3300, 4400, 5500

❸ 4

답 4개

창의 4

❶ 4, 1, 6, 5, 6541

❷ 5, 3, 6, 2, 6532

❸ 예 6541>6532이므로 이긴 사람은 건우이다.

답 건우

1주 주말 TEST 30~33쪽

1 3570개	2 7300원
3 나 마을	4 3800권
5 연우	6 1000원
7 1926번	8 3가지
9 0, 1, 2, 3, 4, 5, 6	10 3936

1 ❶ 100개씩 15묶음은 1000개씩 1상자, 100개씩 5묶음과 같다.

❷ 따라서 빨대는 1000개씩 2+1=3(상자), 100개씩 5묶음, 10개씩 7묶음 있는 것과 같으므로 모두 3570개이다.

2 ❶ 4300-5300-6300-7300

참고

4300부터 1000씩 3번 뛰어 세기 한다.

❷ 저금통에 들어 있는 돈: 7300원

3 ❶ 2500>2456>1970이므로 가장 많은 사람 수는 2500명이다.

❷ 사람이 가장 많이 사는 마을은 나 마을이다.

4 ❶ 4300-4200-4100-4000-3900 -3800

참고

4300부터 100씩 거꾸로 5번 뛰어 세기 한다.

❷ 남은 공책: 3800권

5 ❶ 2012>2008>2007이므로 가장 늦은 연도는 2012년이다.

❷ 가장 늦게 태어난 사람은 연우이다.

주의

가장 늦게 태어난 사람을 구해야 하므로 가장 큰 수를 찾는다.

6 ❶ 물건 3개의 값은 1000원짜리 지폐로 2+2+2=6(장)과 같다.

❷ 5000원은 1000원짜리 지폐로 5장과 같다.

❸ 따라서 1000원짜리 지폐 6-5=1(장)이 더 필요하므로 더 필요한 돈은 1000원이다.

7 ❶ 천의 자리 숫자: 1

참고

$1000 < \boxed{1}\boxed{}\boxed{}\boxed{} < 2000$

↓

천의 자리 숫자: 1

❷ 일의 자리 숫자: 6

참고

(일의 자리 숫자)=(천의 자리 숫자)+5
$=1+5=6$

❸ 정국이가 타는 버스 번호: 1926번

8 ❶ 3000원 만들기

	1000원	500원	100원
방법 1	1장	4개	0개
방법 2	1장	3개	5개
방법 3	0장	5개	5개

❷ 장난감값을 낼 수 있는 방법: 3가지

주의

1000원, 500원, 100원을 가지고 있는 것보다 더 많이 사용하지 않도록 주의한다.

9 ❶ 수의 크기 비교하기

$65\blacksquare2 < 6570$

❷ ■가 될 수 있는 수 구하기

• 천의 자리 숫자와 백의 자리 숫자가 같으므로 십의 자리 숫자를 비교하면 ■<7이다.
• ■가 7도 될 수 있는지 확인해 보면
$6572 > 6570$이므로 ■는 7이 될 수 없다.
따라서 ■가 될 수 있는 수는 0, 1, 2, 3, 4, 5, 6이다.

10 ❶ 작은 수부터 차례로 쓰기: 3, 3, 6, 6, 9, 9

❷ 백의 자리 숫자가 9인 가장 작은 네 자리 수: 3936

참고

백의 자리 숫자가 9인 가장 작은 네 자리 수 만들기

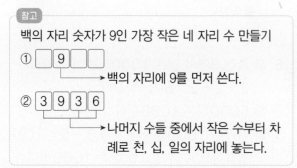

① $\boxed{}\boxed{9}\boxed{}\boxed{}$ → 백의 자리에 9를 먼저 쓴다.

② $\boxed{3}\boxed{9}\boxed{3}\boxed{6}$ → 나머지 수들 중에서 작은 수부터 차례로 천, 십, 일의 자리에 놓는다.

2주 곱셈구구

2주 준비 학습 **36~37**쪽

1 8 » 8, 8권
2 10 » $2 \times 5 = 10$, 10개
3 30 » $5 \times 6 = 30$, 30개
4 56 » $7 \times 8 = 56$, 56명
5 72 » $8 \times 9 = 72$, 72개
6 63 » $9 \times 7 = 63$, 63개
7 12 » $3 \times 4 = 12$, 12개

6 (7일 동안 한 윗몸 일으키기 횟수)
= (하루에 한 윗몸 일으키기 횟수)×(날수)
$= 9 \times 7 = 63$(개)

7 (세발자전거의 전체 바퀴 수)
= (세발자전거 한 대의 바퀴 수)×(세발자전거 수)
$= 3 \times 4 = 12$(개)

2주 준비 학습 **38~39**쪽

1 $4 \times 5 = 20$, 20개
2 $5 \times 2 = 10$, 10개
3 $7 \times 3 = 21$, 21권
4 $2 \times 7 = 14$, 14개
5 $3 \times 9 = 27$, 27개
6 $9 \times 6 = 54$, 54개
7 $8 \times 8 = 64$, 64 cm

6 (쿠키 6개에 올려 놓을 초코칩 수)
= (쿠키 한 개에 올려 놓을 초코칩 수)×(쿠키 수)
$= 9 \times 6 = 54$(개)

7 (이어 붙인 색 테이프의 전체 길이)
= (색 테이프 한 장의 길이)×(색 테이프 수)
$= 8 \times 8 = 64$(cm)

정답과 해설

문해력 문제 **1**

전략 ×, ＋

풀이 ❶ 64   ❷ 64, 70

답 70쪽

1-1 49살   **1**-2 18개   **1**-3 51개

1-1 ❶ 대휘 나이의 5배: $9 \times 5 = 45$

    ❷ (아버지의 나이)$= 45 + 4 = 49$(살)

1-2 ❶ (포장한 월병의 수)$= 6 \times 7 = 42$(개)

    ❷ (남은 월병의 수)$= 60 - 42 = 18$(개)

1-3 ❶ (산 귤의 수)$= 7 \times 3 = 21$(개)

    ❷ (산 배의 수)$= 21 + 9 = 30$(개)

    ❸ (지성이가 산 귤과 배의 수)

      $= 21 + 30 = 51$(개)

문해력 문제 **2**

전략 ×, ×

풀이 ❶ 2, 4   ❷ 4, 24

답 24개

2-1 36개   **2**-2 40개   **2**-3 40개

2-1 ❶ (한 상자에 들어 있는 타르트 수)

      $= 3 \times 3 = 9$(개)

    ❷ (4상자에 들어 있는 타르트 수)

      $= 9 \times 4 = 36$(개)

2-2 ❶ (우리 한 곳에 있는 사슴의 다리 수)

      $= 4 \times 2 = 8$(개)

    ❷ (우리 5곳에 있는 사슴의 다리 수)

      $= 8 \times 5 = 40$(개)

2-3 ❶ (한 층에 쌓은 나무 블록 수)$= 2 \times 3 = 6$(개)

    ❷ (6층까지 쌓은 나무 블록 수)

      $= 6 \times 6 = 36$(개)

    ❸ (종현이가 가지고 있던 나무 블록 수)

      $= 36 + 4 = 40$(개)

문해력 문제 **3**

풀이 ❶ 25, 30, 35, 40, 45   ❷ 36

❸ 40, 45

답 40, 45

3-1 24, 28, 32, 36

3-2 6, 12, 18

3-3 28, 35

3-1 ❶ 4단 곱셈구구의 값: 4, 8, 12, 16, 20, 24,

    28, 32, 36

    ❷ $3 \times 7 = 21$

    ❸ 4단 곱셈구구의 값 중 3×7보다 큰 수:

    24, 28, 32, 36

3-2 ❶ 6단 곱셈구구의 값: 6, 12, 18, 24, 30,

    36, 42, 48, 54

    ❷ $5 \times 4 = 20$

    ❸ 6단 곱셈구구의 값 중 5×4보다 작은 수:

    6, 12, 18

3-3 ❶ 7단 곱셈구구의 값: 7, 14, 21, 28, 35,

    42, 49, 56, 63

    ❷ $6 \times 4 = 24$, $8 \times 5 = 40$

    ❸ 7단 곱셈구구의 값 중 6×4보다 크고 8×5

    보다 작은 수: 28, 35

참고

• 4단, 6단, 7단 곱셈구구

4단	6단	7단
$4 \times 1 = 4$	$6 \times 1 = 6$	$7 \times 1 = 7$
$4 \times 2 = 8$	$6 \times 2 = 12$	$7 \times 2 = 14$
$4 \times 3 = 12$	$6 \times 3 = 18$	$7 \times 3 = 21$
$4 \times 4 = 16$	$6 \times 4 = 24$	$7 \times 4 = 28$
$4 \times 5 = 20$	$6 \times 5 = 30$	$7 \times 5 = 35$
$4 \times 6 = 24$	$6 \times 6 = 36$	$7 \times 6 = 42$
$4 \times 7 = 28$	$6 \times 7 = 42$	$7 \times 7 = 49$
$4 \times 8 = 32$	$6 \times 8 = 48$	$7 \times 8 = 56$
$4 \times 9 = 36$	$6 \times 9 = 54$	$7 \times 9 = 63$

문해력 문제 **4**

전략 ×, ×

풀이 ❶ 15 ❷ 2, 18

❸ 15, <, 18, 여학생에 ○표

답 여학생

4-1 소희 **4-2** 튤립 **4-3** 나영

문해력 문제 **4**

❶ (남학생 수)=5×3=15(명)

❷ (여학생 수)=9×2=18(명)

❸ 15<18이므로 여학생이 더 많다.

> **참고**
> ❶ (남학생 수)=(한 모둠에 있는 남학생 수)
> ×(남학생의 모둠 수)
> ❷ (여학생 수)=(한 모둠에 있는 여학생 수)
> ×(여학생의 모둠 수)

4-1 ❶ (민현이가 외운 한자 수)
=4×7=28(글자)

❷ (소희가 외운 한자 수)
=6×5=30(글자)

❸ 28<30이므로 한자를 더 많이 외운 사람은 소희이다.

4-2 ❶ (튤립 수)=8×4=32(송이)

❷ (장미 수)=6×7=42(송이)

❸ 32<42이므로 튤립이 더 적게 꽂혀 있다.

4-3 ❶ (나영이가 읽은 쪽수)
=3×4=12(쪽)
(나영이가 읽고 남은 쪽수)
=60-12=48(쪽)

❷ (우진이가 읽은 쪽수)
=2×5=10(쪽)
(우진이가 읽고 남은 쪽수)
=56-10=46(쪽)

❸ 48>46이므로 남은 쪽수가 더 많은 사람은 나영이다.

문해력 문제 **5**

풀이 ❶ 35, 42, ㊾, ㊱, ㊿

❷ 7, 8, 9, 3

답 3개

5-1 4개 **5-2** 4개 **5-3** 5개

5-1 **전략**

4단 곱셈구구의 값을 모두 구해 그중 23보다 큰 수를 찾아 어떤 수가 될 수 있는 수의 개수를 구하자.

❶

×	1	2	3	4	5	6	7	8	9
4	4	8	12	16	20	24	28	32	36

❷ 어떤 수가 될 수 있는 수는 6, 7, 8, 9이므로 모두 4개이다.

> **주의**
> 4와 어떤 수의 곱, 즉 4×(어떤 수)의 값이 23보다 클 때의 어떤 수를 구하는 것이므로
> 4×⑥=24, 4×⑦=28,
> 4×⑧=32, 4×⑨=36
> 에서 어떤 수는 곱인 24, 28, 32, 36이 아니라 6, 7, 8, 9임에 주의한다.

5-2 ❶

×	1	2	3	4	5	6	7	8	9
6	6	12	18	24	30	36	42	48	54

❷ 어떤 수가 될 수 있는 수는 1, 2, 3, 4이므로 모두 4개이다.

5-3 ❶

×	1	2	3	4	5	6	7	8	9
9	9	18	27	36	45	54	63	72	81

❷ 어떤 수가 될 수 있는 수는 1, 2, 3, 4, 5이므로 모두 5개이다.

문해력 문제 6

전략 덧셈식에 ○표, 7

풀이 ❶ +   ❷ 7, 8   ❸ 8, 56

답 56

6-1 36   **6-2** 11   **6-3** 72

문해력 문제 6

❶ 잘못 계산한 식: (어떤 수)+7=15

❷ (어떤 수)=15−7=8

❸ (바르게 계산한 값)=8×7=56

참고

• 덧셈과 뺄셈의 관계

6-1 ❶ 잘못 계산한 식: (어떤 수)+6=12

❷ (어떤 수)=12−6=6

❸ (어떤 수)×6으로 구하자.

(바르게 계산한 값)=6×6=36

6-2 ❶ 잘못 계산한 식: (어떤 수)×3=24

❷ 8×3=24이므로 (어떤 수)=8이다.

❸ (어떤 수)+3으로 구하자.

(바르게 계산한 값)=8+3=11

6-3 ❶ 잘못 계산한 식: (어떤 수)×9=81

❷ 9×9=81이므로 (어떤 수)=9이다.

❸ 4씩 2번 뛰어 센 수: 4×2=8

➡ (바르게 계산한 값)

=9×8=72

참고

■씩 ●번 뛰어 센 수

➡ ■×●

문해력 문제 7

전략 ×

풀이 ❶ 2, 3   ❷ 3, 6

답 6

7-1 12   **7-2** 63   **7-3** 30

문해력 문제 7

전략

나올 수 있는 가장 작은 곱:

(가장 작은 수)×(두 번째로 작은 수)

❶ 수의 크기 비교: 2<3<5<7

❷ 나올 수 있는 가장 작은 곱:

2×3=6

7-1 ❶ 수의 크기 비교: 3<4<6<7

❷ 나올 수 있는 가장 작은 곱:

3×4=12

7-2 전략

나올 수 있는 가장 큰 곱:

(가장 큰 수)×(두 번째로 큰 수)

❶ 수의 크기 비교: 9>7>4>2

❷ 나올 수 있는 가장 큰 곱:

9×7=63

7-3 전략

뒤집힌 카드에 적힌 수를 먼저 구해 나올 수 있는 가장 큰 곱을 구하자.

❶ 두 수의 곱이 5인 경우는

1×5=5 또는 5×1=5이므로 뒤집힌 카드에 적힌 수는 5이다.

❷ 수의 크기 비교: 6>5>1

❸ 나올 수 있는 가장 큰 곱:

6×5=30

2주 4일 54~55쪽

문해력 문제 8

전략 ×, 6

풀이 ❶ 24 ❷ 24 ❸ 4, 4 / 4

답 4줄

8-1 9줄   8-2 8줄

문해력 문제 8

❶ (재환이네 반 학생 수)
  =8×3=24(명)

❷ 다시 선 줄 수를 ■라 하면 6×■=24이다.

❸ 6×4=24이므로 ■=4이다.
  ➡ 다시 선 줄 수: 4줄

8-1 ❶ (한 줄에 놓여 있는 스무디 수)×(줄 수)로 구하자.
  (전체 스무디 수)=3×6=18(병)

❷ 다시 놓는 줄 수를 ■라 하면 2×■=18이다.

❸ 2×9=18이므로 ■=9이다.
  ➡ 다시 놓는 줄 수: 9줄

참고

• 2×■=18에서 ■를 구하는 방법
  2단 곱셈구구를 외워 보며 곱이 18이 되는 곱셈구구를 찾는다.
  ➡ 2×9=18이므로 2×■=18에서 ■=9이다.

8-2 ❶ 7개씩 9줄: 7×9=63(개)
  ➡ (전체 공깃돌 수)
    =63+1=64(개)

❷ 다시 놓는 줄 수를 ■라 하면 8×■=64이다.

❸ 8×8=64이므로 ■=8이다.
  ➡ 다시 놓는 줄 수: 8줄

참고

■개씩 ●줄 ➡ (■×●)개

2주 5일 56~57쪽

기출 1

❶ 아래쪽에 ○표 / 12, 12, 4

❷ 위쪽에 ○표 / 56, 56, 7

❸ 4, 7, 28

답 28

기출 2

❶ 6 / 6, 48

❷ 6, 8, 6 / 6

답 6살

기출 1

❶ 보기에서 1+5=6, 2+7=9, 3+9=12
  이므로 보기에는
  (왼쪽 수)+(가운데 수)=(아래쪽 수)인 규칙이 있다.

❷ 보기에서 4×5=20, 3×7=21,
  6×9=54이므로 보기에는
  (오른쪽 수)×(가운데 수)=(위쪽 수)인 규칙이 있다.

기출 2

❷ ■×8=8×■이고 8×6=48이므로 ■=6이다.

2주 6일 58~59쪽

창의 3

❶ 3, 6 / 0, 4, 0 / 5, 2, 10

❷ 6, 0, 10, 16

답 16개

융합 4

❶ 40

❷ 8, 8 / 8

❸ 8, 2

답 2개

정답과 해설

1 32명	**2** 42개
3 민호	**4** 9, 18, 27
5 4개	**6** 81
7 35	**8** 8명
9 15	**10** 9줄

1 ❶ 여학생 수의 3배: $9 \times 3 = 27$
❷ (남학생 수)$= 27 + 5 = 32$(명)

참고
■의 ●배 ➡ ■×●

2 ❶ (한 봉지에 들어 있는 단추의 단춧구멍 수)
$= 2 \times 3 = 6$(개)
❷ (7봉지에 들어 있는 단추의 단춧구멍 수)
$= 6 \times 7 = 42$(개)

3 ❶ (지현이가 산 달고나 수)
$= 3 \times 8 = 24$(개)
❷ (민호가 산 달고나 수)
$= 5 \times 5 = 25$(개)
❸ $24 < 25$이므로 달고나를 더 많이 산 사람은 민호이다.

4 ❶ 9단 곱셈구구의 값: 9, 18, 27, 36, 45, 54, 63, 72, 81
❷ $8 \times 4 = 32$
❸ 9단 곱셈구구의 값 중 8×4보다 작은 수: 9, 18, 27

참고
32보다 작은 수	32보다 큰 수
9, 18, 27,	36, 45, 54, 63, 72, 81

5 ❶

×	1	2	3	4	5	6	7	8	9
8	8	16	24	32	40	48	56	64	72

❷ 어떤 수가 될 수 있는 수는 6, 7, 8, 9이므로 모두 4개이다.

6 ❶ 잘못 계산한 식: (어떤 수)$+ 9 = 18$
❷ (어떤 수)$= 18 - 9 = 9$
❸ (바르게 계산한 값)$= 9 \times 9 = 81$

참고
• 잘못 계산한 값을 알 때 바르게 계산한 값 구하기
❶ 잘못 계산한 값을 이용하여 식을 만든다.
❷ 만든 식을 이용하여 어떤 수를 구한다.
❸ 구한 어떤 수로 바르게 계산한 값을 구한다.

7
전략
나올 수 있는 가장 작은 곱:
(가장 작은 수)×(두 번째로 작은 수)

❶ 수의 크기 비교: $5 < 7 < 8 < 9$
❷ 나올 수 있는 가장 작은 곱:
$5 \times 7 = 35$

8 ❶ (한 번에 구운 고구마 수)×(고구마를 구운 횟수)로 구하자.
(전체 고구마 수)$= 4 \times 4 = 16$(개)
❷ 나누어 줄 수 있는 사람 수를 ■라 하면
$2 \times ■ = 16$이다.
❸ $2 \times 8 = 16$이므로 ■$= 8$이다.
➡ 나누어 줄 수 있는 사람 수: 8명

9 ❶ 잘못 계산한 식: (어떤 수)$\times 8 = 56$
❷ $7 \times 8 = 56$이므로 (어떤 수)$= 7$이다.
❸ (바르게 계산한 값)$= 7 + 8 = 15$

참고
(어떤 수)$\times 8 = 56$은 $8 \times$(어떤 수)$= 56$과 같으므로 8단 곱셈구구를 이용하여 어떤 수를 구한다.
➡ $8 \times 7 = 56$이므로 $7 \times 8 = 56$과 같고 어떤 수는 7이다.

10 ❶ 6개씩 7줄: $6 \times 7 = 42$(개)
➡ (전체 머랭 쿠키 수)$= 42 + 3 = 45$(개)
❷ 다시 놓는 줄 수를 ■라 하면 $5 \times ■ = 45$이다.
❸ $5 \times 9 = 45$이므로 ■$= 9$이다.
➡ 다시 놓는 줄 수: 9줄

정답과 해설

3주 준비학습

66~67쪽

1

» 25분

2 9, 50 / 10, 10 » 10시 10분 전

3 6, 23 » 6시 23분

4 30, 90 » 90분

5 60, 1 » 1시간 20분

6 7 » 7일 후

7 12, 1 » 1년 3개월 후

---

2 9시 50분은 10시가 되려면 10분이 더 지나야
하므로 10시 10분 전이다.

3주 준비학습

68~69쪽

1 4시 45분   **2** 8시 45분

3 4시 5분 전   **4** 7월 15일

5 40분   **6** 2시 10분

7 9시 50분

---

3 제훈이가 친구와 만나기로 한 시각: 3시 55분
→ 3시 55분은 4시가 되려면 5분이 더 지나야
하므로 4시 5분 전이다.

6 오후 1시 40분 ──20분 후──→ 오후 2시
──10분 후──→ 오후 2시 10분

7 1교시 수업이 끝나는 시각:
오전 9시 ──40분 후──→ 오전 9시 40분
2교시 수업을 시작하는 시각:
오전 9시 40분 ──10분 후──→ 오전 9시 50분

문해력 문제 1

풀이 ❶ 1, 30   ❷ 1, 30

답 1시간 30분

1-1 2시간 15분

1-2 1시간 20분

1-3 3시간 10분

1-1 ❶ 2시 30분 ──2시간 후──→ 4시 30분
──15분 후──→ 4시 45분

❷ 영화관에 있었던 시간: 2시간 15분

다르게 풀기

❶ 2시 30분 ──15분 후──→ 2시 45분
──2시간 후──→ 4시 45분

참고

걸린 시간을 구할 때는 분 → 시간 순서로 구해도 된다.

1-2 ❶ 조깅을 시작한 시각: 9시 10분
조깅을 끝낸 시각: 10시 30분

❷ 9시 10분 ──1시간 후──→ 10시 10분
──20분 후──→ 10시 30분

❸ 조깅을 한 시간: 1시간 20분

1-3 ❶ 공부를 시작한 시각: 4시 40분

참고

짧은바늘은 4와 5 사이를 가리키므로 4시이고, 긴바
늘은 8을 가리키므로 40분이다.

❷ 4시 40분 ──3시간 후──→ 7시 40분
──10분 후──→ 7시 50분

❸ 공부를 한 시간: 3시간 10분

3주 1일

문해력 문제 2

풀기 ❶ 20 ❷ 20, 2, 10 / 2, 10

답 2시 10분

2-1 3시 10분

2-2 3시 40분

2-3 2시 45분

2-1 ❶ 다큐멘터리가 끝난 시각: 4시 50분

❷ 4시 50분 ―(1시간 전)→ 3시 50분

―(40분 전)→ 3시 10분

➡ 다큐멘터리를 보기 시작한 시각: 3시 10분

2-2 ❶ 공항에 도착해야 하는 시각: 5시 30분

> **참고**
>
> 공항에 도착해야 하는 시각은 6시에서 30분 전의 시각이므로 5시 30분이다.

❷ 집에서 공항까지 가는 데 1시간 50분이 걸리므로 집에서 나와야 하는 시각은 5시 30분이 되기 1시간 50분 전이다.

5시 30분 ―(1시간 전)→ 4시 30분 ―(30분 전)→ 4시

―(20분 전)→ 3시 40분

➡ 집에서 3시 40분에 나와야 한다.

> **주의**
>
> 긴바늘이 12를 가리키는 시각에서 몇 분 전의 시각을 구하려면 긴바늘 뿐만 아니라 짧은바늘이 가리키는 위치도 달라짐에 주의한다.

2-3 ❶ 5시 15분 ―(1시간 전)→ 4시 15분

―(10분 전)→ 4시 5분

➡ 경찰관 체험을 시작한 시각: 4시 5분

❷ 4시 5분 ―(1시간 전)→ 3시 5분 ―(5분 전)→ 3시

―(15분 전)→ 2시 45분

➡ 소방관 체험을 시작한 시각: 2시 45분

> **참고**
>
> ❶ 경찰관 체험을 시작한 시각
> : 5시 15분에서 1시간 10분 전의 시각
> ❷ 소방관 체험을 시작한 시각
> : 4시 5분에서 1시간 20분 전의 시각

3주 2일

문해력 문제 3

전략 빠른에 ○표

풀기 ❶ 8, 40 / 8, 52 ❷ 8, 40 / 나연

답 나연

3-1 민재

3-2 원영

문해력 문제 3

❶ 나연이가 학교에 도착한 시각: 8시 40분
규민이가 학교에 도착한 시각: 8시 52분

❷ 더 빠른 시각: 8시 40분

➡ 먼저 도착한 사람: 나연

3-1 ❶ 두 사람이 각자 학원에 도착한 시각 읽기

보현이가 학원에 도착한 시각: 5시 28분
민재가 학원에 도착한 시각: 5시 34분

❷ 위 ❶의 시각을 비교하여 학원에 나중에 도착한 사람 구하기

더 늦은 시각: 5시 34분

➡ 나중에 도착한 사람: 민재

3-2 ❶ 강민이가 체육관에 도착한 시각: 3시 55분

> **참고**
>
> '4시 5분 전'은 5분이 지나면 4시가 되는 시각이므로 3시 55분이다.

❷ 가장 빠른 시각: 3시 53분

➡ 가장 먼저 도착한 사람: 원영

> **참고**
>
> 빠르다.
>
> ↑ 3시 53분 → 가장 빠른 시각
> 3시 55분
> ↓ 4시 27분 → 가장 늦은 시각
>
> 늦다.

문해력 문제 4

풀이 ❶ 6 ❷ 4 / 4

답 오후 4시

4-1 오후 7시

4-2 오후에 ○표, 3시 30분

4-3 19일 오전 6시

문해력 문제 5

풀이 ❶ 50 ❷ 50, 40

답 오전 9시 40분

5-1 오전 8시 50분

5-2 오전 10시 20분

5-3 오전 10시 50분

문해력 문제 4

❶ 긴바늘이 6바퀴 도는 데 걸리는 시간: 6시간

❷ 오전 10시 ──2시간 후──▶ 낮 12시

──4시간 후──▶ 오후 4시

➡ 현재 시각: 오후 4시

참고
시계의 긴바늘이 1바퀴 도는 데 걸리는 시간은 1시간 이므로 ●바퀴 도는 데 걸리는 시간은 ●시간이다.

4-1 ❶ 긴바늘이 8바퀴 도는 데 걸리는 시간: 8시간

❷ 오전 11시 ──1시간 후──▶ 낮 12시

──7시간 후──▶ 오후 7시

➡ 현재 시각: 오후 7시

4-2 ❶ 짧은바늘이 1바퀴 도는 데 걸리는 시간:
12시간

❷ 오전 3시 30분 ──12시간 후──▶ 오후 3시 30분

➡ 시계의 짧은바늘이 시계 방향으로 1바퀴 돌았을 때 가리키는 시각: 오후 3시 30분

참고
• 시계의 짧은바늘이 1바퀴 도는 데 걸리는 시간은 12시간이다.
• 하루는 오전과 오후 12시간씩이므로 짧은바늘이 1바퀴 돌면 시각은 그대로이고 오전과 오후가 바뀐다.

4-3 ❶ 긴바늘이 14바퀴 도는 데 걸리는 시간: 14시간

❷ 18일 오후 4시 ──12시간 후──▶ 19일 오전 4시

──2시간 후──▶ 19일 오전 6시

➡ 현재 서울특별시의 시각: 19일 오전 6시

문해력 문제 5

❶ 2번째 출발 시각:

오전 8시 ──50분 후──▶ 오전 8시 50분

❷ 3번째 출발 시각:

오전 8시 50분 ──50분 후──▶ 오전 9시 40분

5-1 ❶ 2번째 출발 시각:

오전 7시 30분 ──40분 후──▶ 오전 8시 10분

참고
오전 7시 30분 ──30분 후──▶ 오전 8시
──10분 후──▶ 오전 8시 10분

❷ 3번째 출발 시각:

오전 8시 10분 ──40분 후──▶ 오전 8시 50분

5-2 ❶ 오전 9시 20분 ──30분 후──▶ 오전 9시 50분

──30분 후──▶ 오전 10시 20분

❷ 지민이네 가족은 오전 10시 20분에 출발하는 버스를 탈 수 있다.

주의
지민이네 가족이 서울역에 오전 10시에 도착했으므로 오전 10시가 넘어서 출발하는 버스의 시각을 구해야 한다.

5-3 ❶ 40분＋10분＝50(분)마다 수업을 시작한다.

❷ 2교시 수업 시작 시각:

오전 9시 10분 ──50분 후──▶ 오전 10시

❸ 3교시 수업 시작 시각:

오전 10시 ──50분 후──▶ 오전 10시 50분

정답과 해설

문해력 문제 6

풀기 ❶ 3   ❷ 3, 3   ❸ 3, 3

답 오전 11시 3분

6-1 오후 4시 30분

6-2 오전 1시 50분

문해력 문제 6

❶ 오늘 오전 8시부터 오전 11시까지는 3시간이다.

❷ 시계가 오전 11시까지 빨라진 시간:
$1 \times 3 = 3$(분)

❸ 오늘 오전 11시에 이 시계가 나타내는 시각은 오전 11시에서 3분 후의 시각이므로 오전 11시 3분이다.

6-1 ❶ 오늘 오전 10시부터 오후 4시까지는 6시간이다.

> **참고**
>
> 오전 10시 $\xrightarrow{2시간\ 후}$ 낮 12시 $\xrightarrow{4시간\ 후}$ 오후 4시
> ➡ 오전 10시에서 오후 4시까지는 6시간이다.

❷ 시계가 오후 4시까지 빨라진 시간:
$5 \times 6 = 30$(분)

❸ 오늘 오후 4시에 이 시계가 나타내는 시각은 오후 4시에서 30분 후의 시각이므로 오후 4시 30분이다.

6-2 ❶ 오늘 오후 9시부터 내일 오전 2시까지는 5시간이다.

> **참고**
>
> 오늘 오후 9시 $\xrightarrow{3시간\ 후}$ 밤 12시
> $\xrightarrow{2시간\ 후}$ 내일 오전 2시
> ➡ 오늘 오후 9시에서 내일 오전 2시까지는 5시간이다.

❷ 시계가 내일 오전 2시까지 느려진 시간:
$2 \times 5 = 10$(분)

❸ 내일 오전 2시에 이 시계가 나타내는 시각은 오전 2시에서 10분 전의 시각이므로 오전 1시 50분이다.

문해력 문제 7

전략 7

풀기 ❶ 18, 18, 11, 11, 4   ❷ 토, 토

답 토요일

7-1 수요일   **7-2** 금요일

7-1 ❶ 24일과 요일이 같은 날짜: $24-7=17$(일),
$17-7=10$(일), $10-7=3$(일)

❷ 3월 3일이 수요일이므로 쪽지 시험을 보는 날은 수요일이다.

7-2 ❶ 6월의 마지막 날: 6월 30일

❷ 30일과 요일이 같은 날짜:
$30-7=23$(일), $23-7=16$(일),
$16-7=9$(일), $9-7=2$(일)

❸ 6월 2일이 금요일이므로 체험 학습을 가는 날은 금요일이다.

> **참고**
>
> • 각 달의 날수 알아보기
>
> | 월 | 1 | 2 | 3 | 4 | 5 | 6 |
> |---|---|---|---|---|---|---|
> | 날수(일) | 31 | 28(29) | 31 | 30 | 31 | 30 |
> | 월 | 7 | 8 | 9 | 10 | 11 | 12 |
> | 날수(일) | 31 | 31 | 30 | 31 | 30 | 31 |

문해력 문제 8

풀기 ❶ 31   ❷ (위에서부터) 31, 28, 28 / 28

답 8월 28일

8-1 4월 22일

8-2 6월 25일

8-3 2023년 7월 5일

8-1 ❶ 3월의 마지막 날짜: 3월 31일

❷ 3월 15일 $\xrightarrow{16일\ 후}$ 3월 31일
$\xrightarrow{22일\ 후}$ 4월 22일
➡ 동생의 첫돌 날짜: 4월 22일

8-2 ❶ 4월의 마지막 날짜: 4월 30일

5월의 마지막 날짜: 5월 31일

❷ 4월 6일 $\xrightarrow{24일 후}$ 4월 30일

$\xrightarrow{31일 후}$ 5월 31일 $\xrightarrow{25일 후}$ 6월 25일

➡ 선우가 수영 대회에 참가하는 날짜:

6월 25일

8-3 ❶ 18개월＝12개월＋6개월＝1년 6개월

❷ 2022년 1월 5일 $\xrightarrow{1년 후}$ 2023년 1월 5일

$\xrightarrow{6개월 후}$ 2023년 7월 5일

➡ 현아가 우리나라에 입국하는 날짜:

2023년 7월 5일

3주 일 **86~87**쪽

기출 **1**

❶ 30, 30

❷ 7, 23, 23

❸ 3, 26

답 9월 26일

기출 **2**

❶

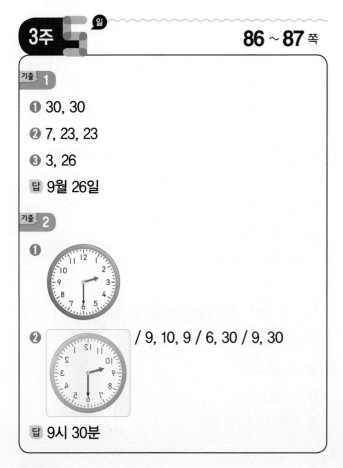

❷ / 9, 10, 9 / 6, 30 / 9, 30

답 9시 30분

기출 **1**

❸ 72시간＝24시간＋24시간＋24시간＝3일

➡ 지우의 생일은 서윤이의 생일의 3일 후이므로 9월 23일의 3일 후인 9월 26일이다.

3주 일 **88~89**쪽

융합 **3**

❶ 6

❷ 6 / 6, 13 / 13, 20 / 20, 27

답 6일, 13일, 20일, 27일

창의 **4**

❶ 7

❷ 8

❸ 2, 2

답 2분

창의 **4**

❶ 3시 $\xrightarrow{4시간 후}$ 7시

❷ 3시에서 4시간 후의 시각은 7시인데 4시간 후의 시계가 7시 8분을 나타내므로 8분이 빨라졌다.

3주 주말 TEST **90~93**쪽

1 1시간 10분	2 2시 20분
3 서희	4 오후 4시
5 목요일	6 오전 10시 40분
7 10월 26일	8 오후 11시 27분
9 민석	10 화요일

1 ❶ 5시 10분 $\xrightarrow{1시간 후}$ 6시 10분

$\xrightarrow{10분 후}$ 6시 20분

❷ 수영을 한 시간: 1시간 10분

2 ❶ 농구를 끝낸 시각: 3시 55분

❷ 3시 55분 $\xrightarrow{1시간 전}$ 2시 55분

$\xrightarrow{35분 전}$ 2시 20분

➡ 농구를 시작한 시각: 2시 20분

3 ❶ 서희가 놀이터에 도착한 시각: 3시 12분

재우가 놀이터에 도착한 시각: 2시 57분

❷ 더 늦은 시각: 3시 12분

➡ 나중에 도착한 사람: 서희

4 ❶ 긴바늘이 9바퀴 도는 데 걸리는 시간: 9시간

❷ 오전 7시 $\xrightarrow{5시간 후}$ 낮 12시 $\xrightarrow{4시간 후}$ 오후 4시

➡ 현재 시각: 오후 4시

5 ❶ 28일과 요일이 같은 날짜:

28-7=21(일), 21-7=14(일),

14-7=7(일)

❷ 7월 7일이 목요일이므로 영화관에 가는 날은 목요일이다.

6 ❶ 2번째 출발 시각:

오전 10시 $\xrightarrow{20분 후}$ 오전 10시 20분

❷ 3번째 출발 시각:

오전 10시 20분 $\xrightarrow{20분 후}$ 오전 10시 40분

7 ❶ 9월의 마지막 날: 9월 30일

❷ 9월 21일 $\xrightarrow{9일 후}$ 9월 30일

$\xrightarrow{26일 후}$ 10월 26일

➡ 세준이가 바이올린 연주회를 하는 날짜:

10월 26일

8 ❶ 오늘 오후 2시부터 오후 11시까지는 9시간이다.

❷ 시계가 오후 11시까지 빨라진 시간:

3×9=27(분)

❸ 오늘 오후 11시에 이 시계가 나타내는 시각은 오후 11시에서 27분 후의 시각이므로 오후 11시 27분이다.

9 ❶ 민석이가 서울역에 도착한 시각: 7시 50분

❷ 가장 빠른 시각: 7시 50분

➡ 가장 먼저 도착한 사람: 민석

10 ❶ 12월의 마지막 날: 12월 31일

❷ 31일과 요일이 같은 날짜:

31-7=24(일), 24-7=17(일),

17-7=10(일), 10-7=3(일)

❸ 12월 3일이 화요일이므로 스케이트장에 가는 날은 화요일이다.

4주 길이 재기 / 규칙 찾기

4주 준비학습 **96~97**쪽

1 1, 25 》 1 m 25 cm

2 3, 30 》 3 m 30 cm

3 150 》 150 cm

4 (○) 》 세린

( )

5 9 m 68 cm

》 9 m 68 cm, 9 m 68 cm

6 2 m 61 cm

》 8 m 84 cm-6 m 23 cm=2 m 61 cm,

2 m 61 cm

7 7 》 7개

2 330 cm=300 cm+30 cm

=3 m+30 cm

=3 m 30 cm

4 220 cm=2 m 20 cm이고

2 m 20 cm>2 m 2 cm이므로 더 긴 털실을 갖고 있는 사람은 세린이다.

4주 준비학습 **98~99**쪽

1 진수

2 7 m 34 cm

3 55 m 40 cm+36 m 55 cm=91 m 95 cm,

91 m 95 cm

4 1 m 38 cm+2 m 8 cm=3 m 46 cm,

3 m 46 cm

5 1 m 90 cm-85 cm=1 m 5 cm,

1 m 5 cm

6 3 m 63 cm-2 m 26 cm=1 m 37 cm,

1 m 37 cm

7 2+4+6+8=20, 20개

1 5 m 75 cm=575 cm이고
575 cm>557 cm이므로 진수의 방패연이 더
높이 날고 있다.

7 아래층으로 갈수록 쌓기나무가 2개씩 늘어나는
규칙으로 쌓았다.

4주 1 〔일〕

100~101쪽

문해력 문제 1

〔풀기〕 ❶ 167 　❷ 167, <, 현석

〔답〕 현석

1-1 포클레인

1-2 민영

1-3 두 번째

1-1 ❶ 2 m 12 cm=212 cm
❷ 258 cm>212 cm
➡ 포클레인의 높이가 더 높다.

〔다르게 풀기〕
❶ 258 cm=2 m 58 cm
❷ 2 m 58 cm>2 m 12 cm
➡ 포클레인의 높이가 더 높다.

1-2 ❶ 120 cm=1 m 20 cm
❷ 1 m 20 cm<1 m 26 cm
➡ 세현이는 탈 수 있다.
❸ 1 m 20 cm>1 m 18 cm
➡ 민영이는 탈 수 없다.

〔주의〕
키가 120 cm보다 커야 탈 수 있으므로 120 cm이거
나 120 cm보다 작으면 탈 수 없다.

1-3 ❶ 12 m 46 cm=1246 cm
❷ 1307 cm > 1258 cm > 1246 cm
　　(두 번째)　(세 번째)　(첫 번째)
➡ 공을 가장 멀리 찬 건 두 번째이다.

〔참고〕
주어진 세 길이의 단위 중 두 길이를 나타낸 단위가
몇 cm이므로 남은 한 길이의 단위를 몇 cm로 바꿔
나타내면 더 편리하게 비교할 수 있다.

4주 1 〔일〕

102~103쪽

문해력 문제 2

〔전략〕 4

〔풀기〕 ❶ 120 　❷ 120, 40, 3

〔답〕 3번

2-1 2번

2-2 5뼘

2-3 27걸음

2-1 ❶ (내 우산으로 3번 잰 길이)
=80 cm+80 cm+80 cm
=240 cm
❷ 240 cm=120 cm+120 cm이므로 아버
지의 우산으로 재면 2번이다.

2-2 ❶ 2뼘: 15 cm+15 cm=30 cm
3뼘: 15 cm+15 cm+15 cm=45 cm
4뼘: 15 cm+15 cm+15 cm+15 cm
=60 cm
5뼘: 15 cm+15 cm+15 cm+15 cm
+15 cm=75 cm
❷ 5뼘부터 70 cm가 넘는다.

〔참고〕
2뼘: 15 cm+15 cm=30 cm
3뼘: (2뼘)+15 cm=30 cm+15 cm=45 cm
4뼘: (3뼘)+15 cm=45 cm+15 cm=60 cm
5뼘: (4뼘)+15 cm=60 cm+15 cm=75 cm

2-3 ❶ 12 m=4 m+4 m+4 m이므로 12 m는
4 m씩 3번이다.
❷ (걸음 수)=9×3=27(걸음)

〔참고〕
❷ 12 m가 4 m씩 3번이므로 12 m를 어림하려면 9걸음
씩 3번 걸어야 한다.

정답과 해설

4주 2일 104~105쪽

문해력 문제 3

전략 +

풀이 ❶ 1, 53 ❷ +, 1, 53, 2, 58

답 2 m 58 cm

3-1 4 m 65 cm

3-2 3 m 25 cm

3-3 2 m 18 cm

3-1 ❶ 150 cm=1 m 50 cm
  ❷ (길게 이어 붙인 길이)
   =3 m 15 cm+1 m 50 cm
   =4 m 65 cm

다르게 풀기
  ❶ 3 m 15 cm=315 cm
  ❷ (길게 이어 붙인 길이)
   =315 cm+150 cm=465 cm
   ➜ 465 cm=4 m 65 cm

3-2 ❶ 240 cm=2 m 40 cm
  ❷ (남은 벽의 길이)
   =5 m 65 cm−2 m 40 cm
   =3 m 25 cm

참고
  ❷ (남은 벽의 길이)
   =(한쪽 벽의 길이)−(책상의 길이)

3-3 ❶ 450 cm=4 m 50 cm
  ❷ (사용한 리본의 길이)
   =4 m 50 cm−2 m 32 cm
   =2 m 18 cm

다르게 풀기
  ❶ 2 m 32 cm=232 cm
  ❷ (사용한 리본의 길이)
   =450 cm−232 cm=218 cm
   ➜ 218 cm=2 m 18 cm

참고
  답을 몇 m 몇 cm로 써야 하므로 450 cm의 단위를 몇 m 몇 cm로 바꿔 나타내 계산하는 방법이 더 편리하다.

4주 2일 106~107쪽

문해력 문제 4

전략 +, −

풀이 ❶ 4, 66 ❷ 4, 66, 1, 20

답 1 m 20 cm

4-1 2 m 10 cm

4-2 4 m 25 cm

4-1 ❶ (두 초록색 막대의 길이의 합)
   =3 m 15 cm+3 m 15 cm
   =6 m 30 cm
  ❷ (파란색 막대의 길이)
   =6 m 30 cm−4 m 20 cm
   =2 m 10 cm

4-2 ❶ (㉠에서 ㉣까지의 거리)
   =8 m 40 cm+8 m 40 cm
   =16 m 80 cm
  ❷ (㉠에서 ㉢까지의 거리)
   =16 m 80 cm−12 m 55 cm
   =4 m 25 cm

참고
  ❶ (㉠에서 ㉣까지의 거리)
   =(㉠에서 ㉢까지의 거리)+(㉢에서 ㉣까지의 거리)
   =(㉠에서 ㉢까지의 거리)+(㉠에서 ㉢까지의 거리)
  ❷ (㉠에서 ㉢까지의 거리)
   =(㉠에서 ㉣까지의 거리)−(㉢에서 ㉣까지의 거리)

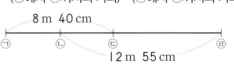

다르게 풀기
  ❶ (㉡에서 ㉢까지의 거리)
   =(㉡에서 ㉣까지의 거리)
    −(㉢에서 ㉣까지의 거리)
   =12 m 55 cm−8 m 40 cm
   =4 m 15 cm
  ❷ (㉠에서 ㉡까지의 거리)
   =(㉠에서 ㉢까지의 거리)
    −(㉡에서 ㉢까지의 거리)
   =8 m 40 cm−4 m 15 cm
   =4 m 25 cm

정답과 해설 **19**

문해력 문제 5

전략 $+$, $-$

풀이 ❶ 10, 69   ❷ 10, 69, 6, 23

답 6 m 23 cm

5-1 6 m 9 cm

5-2 4 m 20 cm

5-3 5 m 95 cm

5-1 ❶ (밤나무의 높이)
$$=5 \text{ m } 64 \text{ cm} - 58 \text{ cm}$$
$$=5 \text{ m } 6 \text{ cm}$$
❷ (소나무의 높이)
$$=5 \text{ m } 6 \text{ cm} + 1 \text{ m } 3 \text{ cm}$$
$$=6 \text{ m } 9 \text{ cm}$$

5-2 ❶ (표지판의 높이)
$$=2 \text{ m } 85 \text{ cm} - 75 \text{ cm}$$
$$=2 \text{ m } 10 \text{ cm}$$

주의
신호등의 높이가 표지판의 높이보다 75 cm 더 높으니까 표지판의 높이는 신호등의 높이보다 75 cm 더 낮다.

❷ (가로등의 높이)
$$=2 \text{ m } 10 \text{ cm} + 2 \text{ m } 10 \text{ cm}$$
$$=4 \text{ m } 20 \text{ cm}$$

5-3 ❶ (줄넘기 줄의 길이)
$$=1 \text{ m } 10 \text{ cm} + 70 \text{ cm}$$
$$=1 \text{ m } 80 \text{ cm}$$
❷ (줄넘기 줄의 길이)+(빗자루의 길이)
$$=1 \text{ m } 80 \text{ cm} + 1 \text{ m } 10 \text{ cm}$$
$$=2 \text{ m } 90 \text{ cm}$$
❸ (교실 짧은 쪽의 길이)
$$=2 \text{ m } 90 \text{ cm} + 3 \text{ m } 5 \text{ cm}$$
$$=5 \text{ m } 95 \text{ cm}$$

문해력 문제 6

전략 420, 20

풀이 ❶ 20   ❷ 20, 400, 200, 200

답 200 cm

6-1 110 cm

6-2 1 m 50 cm

6-1 그림 그리기

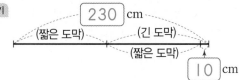

❶ (짧은 도막의 길이)=■ cm라 하면
(긴 도막의 길이)=(■+10) cm이다.
❷ ■+■+10=230,
■+■=220 ➡ ■=110
따라서 짧은 도막의 길이는 110 cm이다.

참고
■+■=220인 ■를 구할 때에는 같은 두 수를 더하여 220이 되는 경우를 찾는다.
➡ 110+110=220이므로 ■=110이다.

6-2 그림 그리기

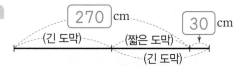

❶ (긴 도막의 길이)=▲ cm라 하면
(짧은 도막의 길이)=(▲−30) cm이다.
❷ ▲+▲−30=270,
▲+▲=300 ➡ ▲=150
따라서 긴 도막의 길이는
150 cm=1 m 50 cm이다.

다르게 풀기
❶ (짧은 도막의 길이)=■ cm라 하면
(긴 도막의 길이)=(■+30) cm이다.
❷ ■+■+30=270,
■+■=240 ➡ ■=120
➡ (짧은 도막의 길이)=120 cm
❸ 따라서 긴 도막의 길이는
120 cm+30 cm
$$=150 \text{ cm}=1 \text{ m } 50 \text{ cm}$$이다.

정답과 해설

문해력 문제 7

풀기 ❶ 7   ❷ 9   ❸ 7, 3

답 3

7-1 2

7-2 연두색

7-3 5번

7-1 ❶ 반복되는 수: 2, 8, 6, 3

❷ 2, 8, 6, 3̲, 2, 8, 6, 3̲, 2, 8, 6, 3̲
           4번째   8번째   12번째

❸ 16번째 수도 3이다.

➡ 17번째 수는 3 다음 수인 2이다.

참고

반복되는 수가 4개이므로 반복되는 수들의 마지막 수인 3의 순서는 4단 곱셈구구와 관련 있다.

7-2 전략

❶ 규칙에 따라 늘어놓은 색깔 중 반복되는 색깔을 구하고

❷ 위 ❶에서 반복되는 마지막 색깔의 순서를 구한다.

❸ 위 ❷에서 순서의 규칙을 찾아 17번째 색깔을 구한다.

❶ 반복되는 색깔: 보라색, 연두색, 주황색

❷ 보라색, 연두색, 주황색̲, 보라색, 연두색,
                3번째

주황색̲, 보라색, 연두색, 주황색̲
   6번째   9번째

❸ 12번째, 15번째 색깔도 모두 주황색이다.

➡ 16번째: 보라색, 17번째: 연두색

7-3 ❶ 반복되는 수: 4, 9, 5

❷ 반복되는 수 3개를 한 묶음으로 하면
$3 \times 5 = 15$이므로 15번째 수까지 5묶음이다.

❸ 한 묶음에 4가 한 번씩 있으므로 5묶음에는 모두 5번 나온다.

참고

(4, 9, 5), (4, 9, 5), (4, 9, 5), (4, 9, 5), (4, 9, 5)
  1번   2번   3번   4번   5번

➡ 4가 모두 5번 나온다.

문해력 문제 8

전략 2

풀기 ❶ 3, 3 / 3   ❷ 3, 3, 13

답 13개

8-1 16개   **8-2** 1000원

8-1 ❶ 검은 돌이 4   6   8 ➡ 2개씩 늘어난다.
                  +2   +2

❷ (일곱 번째 모양의 검은 돌 수)
$= 8 + 2 + 2 + 2 + 2 = 16$(개)

8-2 ❶ 100원짜리 동전이 1   3   6
                           +2   +3

➡ 2개, 3개, ...씩 늘어난다.

❷ (네 번째에 놓이는 100원짜리 동전의 수)
$= 6 + 4 = 10$(개)

❸ 100이 10개이면 1000이므로 100원짜리 동전의 금액의 합은 1000원이다.

기출 **1**

❶ 1, 20

❷ 40 cm + 40 cm = 80 cm

❸ 1 m 20 cm + 1 m 20 cm = 2 m 40 cm

❹ 40

❺ 2, 40, 2, 200

답 200 cm

기출 **2**

❶ 6, 5   ❷ 4   ❸ 1, 50, 1, 50, 50, 50

답 50

기출 **2**

❷ 1 m ■ cm씩 잘랐을 때는 1 m 20 cm씩 잘랐을 때보다 1도막이 적으므로
$5 - 1 = 4$(도막)이다.

4주 5일 일

창의 3

❶ 3, 55 / 1, 70

❷ 3 m 55 cm+1 m 70 cm=5 m 25 cm

❸ 5, 25, 525

답 525 cm

융합 4

❶ 2, 2 / 2   ❷ 40, 40 / 40   ❸ 40, 70

답 2 m 70 cm

융합 4

주의

쌓은 벽돌 수가 2개씩 줄어들 때마다 쌓은 벽돌 윗부분으로부터 수면까지의 거리는 40 cm씩 늘어난다. 따라서 ㉠의 거리는 2 m 30 cm보다 40 cm 늘어난 2 m 30 cm+40 cm=2 m 70 cm이다.

4주 주말 TEST

1 까치	2 4번
3 2 m 39 cm	4 2 m 10 cm
5 예리	6 24 m 77 cm
7 11 m 35 cm	8 8
9 130 cm	10 20개

1 ❶ 5 m 80 cm=580 cm

❷ 508 cm<580 cm

➡ 까치가 더 높은 곳에 있다.

2 ❶ (내 태권도 띠로 3번 잰 길이)

=160 cm+160 cm+160 cm

=480 cm

❷ 480 cm=120 cm+120 cm+120 cm

+120 cm

이므로 아버지의 허리띠로 재면 4번이다.

3 ❶ 105 cm=1 m 5 cm

❷ (냉장고의 높이)=1 m 5 cm+1 m 34 cm

=2 m 39 cm

4 ❶ (두 보라색 막대의 길이의 합)

=3 m 45 cm+3 m 45 cm

=6 m 90 cm

❷ (초록색 막대의 길이)

=6 m 90 cm−4 m 80 cm

=2 m 10 cm

5 ❶ 110 cm=1 m 10 cm

❷ 1 m 10 cm>1 m 9 cm

➡ 주하는 놀 수 있다.

❸ 1 m 10 cm<1 m 12 cm

➡ 예리는 놀 수 없다.

6 ❶ (범고래의 몸길이)

=18 m 40 cm−12 m 16 cm

=6 m 24 cm

❷ (흰수염고래의 몸길이)

=6 m 24 cm+18 m 53 cm

=24 m 77 cm

7 ❶ 715 cm=7 m 15 cm

❷ (사용한 철사의 길이)

=18 m 50 cm−7 m 15 cm

=11 m 35 cm

8 ❶ 반복되는 수: 2, 2, 8

❷ 2, 2, 8, 2, 2, 8, 2, 2, 8

3번째   6번째   9번째

❸ 12번째, 15번째 수도 모두 8이다.

➡ 15번째: 8

9 그림 그리기

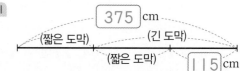

❶ (짧은 도막의 길이)=■ cm라 하면

(긴 도막의 길이)=(■+115) cm이다.

❷ ■+■+115=375,

■+■=260 ➡ ■=130

따라서 짧은 도막의 길이는 130 cm이다.

10 ❶ 5 8 11 ➡ 모형이 3개씩 늘어난다.

+3 +3

❷ (여섯 번째)

=11+3+3+3=20(개)

복습책 정답과 해설

1주 네 자리 수

1주 1일 복습   1~2쪽

1 3205개		**2** 1330살	
3 4309개		**4** 8000원	
5 8050		**6** 7140	

1 ❶ 100개씩 12상자는 1000개씩 1자루, 100개씩 2상자와 같다.

❷ 따라서 호두알은 1000개씩 2+1=3(자루), 100개씩 2상자, 낱개로 5개 있는 것과 같으므로 호두는 모두 3205개이다.

2 ❶ 10이 13개인 수는 100이 1개, 10이 3개인 수와 같다.

❷ 따라서 나무의 나이는 1000이 1개, 100이 2+1=3(개), 10이 3개인 수와 같으므로 1330살이다.

3 ❶ 남은 비누는 1000개씩 3상자, 100개씩 17−4=13(묶음), 낱개로 9개이다.

❷ 100개씩 13묶음은 1000개씩 1상자, 100개씩 3묶음과 같다.

❸ 따라서 남은 비누는 1000개씩 3+1=4(상자), 100개씩 3묶음, 낱개로 9개 있는 것과 같으므로 4309개이다.

4 ❶ 7500−7600−7700−7800−7900−8000

❷ 저금통에 들어 있는 돈: 8000원

5 ❶ 8100−8090−8080−8070−8060−8050

❷ 5개월 전의 비밀번호: 8050

6 ❶ 3540−3440−3340−3240−3140
➡ 어떤 수는 3140이다.

❷ 3140−4140−5140−6140−7140
➡ 바르게 뛰어 세기 했다면 7140이 나온다.

1주 2일 복습   3~4쪽

1 1000원		**2** 2200원	
3 2000원		**4** 4가지	
5 5가지		**6** 4가지	

1 ❶ 볼펜 2자루의 값은 1000원짜리 지폐로 2+2=4(장)과 같다.

❷ 3000원은 1000원짜리 지폐로 3장과 같다.

❸ 따라서 1000원짜리 지폐 4−3=1(장)이 더 필요하므로 더 필요한 돈은 1000원이다.

2 ❶ 6200원은 1000원짜리 지폐로 6장, 100원짜리 동전으로 2개와 같다.

❷ 4000원은 1000원짜리 지폐로 4장과 같다.

❸ 따라서 1000원짜리 지폐 6−4=2(장), 100원짜리 동전 2개가 남으므로 남는 돈은 2200원이다.

3 ❶ 8000원은 1000원짜리 지폐로 8장과 같다.

❷ 물건 2개의 값은 1000원짜리 지폐로 4+2=6(장)과 같다.

❸ 따라서 1000원짜리 지폐 8−6=2(장)이 남으므로 남는 돈은 2000원이다.

4 ❶ 2500원 만들기

	1000원	500원	100원
방법 1	2장	1개	0개
방법 2	2장	0개	5개
방법 3	1장	3개	0개
방법 4	1장	2개	5개

❷ 초콜릿값을 낼 수 있는 방법: 4가지

5 ❶ 1500원 만들기

	1000원	500원	100원
방법 1	1장	1개	0개
방법 2	1장	0개	5개
방법 3	0장	3개	0개
방법 4	0장	2개	5개
방법 5	0장	1개	10개

❷ 장난감값을 낼 수 있는 방법: 5가지

6 ❶ 4000원에 꼭 맞게 간식 사기

	김밥	소시지	젤리
방법 1	2개	0개	0개
방법 2	1개	2개	0개
방법 3	1개	1개	2개
방법 4	0개	3개	2개

❷ 간식을 살 수 있는 방법: 4가지

1주 3일 복습   5~6쪽

1 ㉡ 가게   **2** 장갑

3 2반, 1반, 3반 선생님   **4** 0, 1, 2, 3, 4, 5

5 3   **6** 1978

---

1 ❶ 1600>1547>1520이므로 가장 많은 개수는 1600개이다.

❷ 아이스크림이 가장 많이 팔린 곳은 ㉡ 가게이다.

2 ❶ 4250<4500<4900이므로 가장 싼 가격은 4250원이다.

❷ 가장 싼 것은 장갑이다.

3 ❶ 1981<1985<1986이므로 연도가 빠른 것부터 차례로 쓰면 1981년, 1985년, 1986년이다.

❷ 먼저 태어나신 선생님부터 차례로 쓰면 2반, 1반, 3반 선생님이다.

4 ❶ 6■28<6549

❷ • 천의 자리 숫자가 같으므로 백의 자리 숫자를 비교하면 ■<5이다.
• ■가 5도 될 수 있는지 확인해 보면 6528<6549이므로 ■는 5가 될 수 있다. 따라서 ■가 될 수 있는 수는 0, 1, 2, 3, 4, 5이다.

5 ❶ 36■9<3642

❷ • 천의 자리 숫자와 백의 자리 숫자가 같으므로 십의 자리 숫자를 비교하면 ■<4이다.
• ■가 4도 될 수 있는지 확인해 보면 3649>3642이므로 ■는 4가 될 수 없다. 따라서 ■가 될 수 있는 수는 0, 1, 2, 3이다.

❸ ■가 될 수 있는 가장 큰 수는 3이다.

---

6 ❶ 19■8>1969

❷ • 천의 자리 숫자와 백의 자리 숫자가 같으므로 십의 자리 숫자를 비교하면 ■>6이다.
• ■가 6도 될 수 있는지 확인해 보면 1968<1969이므로 ■는 6이 될 수 없다. 따라서 ■가 될 수 있는 수는 7, 8, 9이다.

❸ 각 자리 숫자가 모두 다르다고 하였으므로 ■는 7이다.

➡ 하진이가 생각한 수: 1978

1주 4일 복습   7~8쪽

1 6248	**2** 9450, 9451, 9452, 9453
3 2353	**4** 5353
5 8863	**6** 4646

---

1 ❶ 천의 자리 숫자: 6
❷ 일의 자리 숫자: 8
❸ 조건을 만족하는 수: 6248

2 ❶ 천의 자리 숫자: 9, 백의 자리 숫자: 4
❷ 일의 자리 숫자가 될 수 있는 숫자: 0, 1, 2, 3
❸ 조건을 만족하는 수: 9450, 9451, 9452, 9453

3 ❶ 천의 자리 숫자: 2, 백의 자리 숫자: 3
❷ 3과 더하여 6이 되는 수는 3이므로 일의 자리 숫자는 3이다.
❸ 승기가 타는 버스 번호: 2353

4 ❶ 큰 수부터 차례로 쓰기: 5, 5, 3, 3, 1, 1
❷ 십의 자리 숫자가 5인 가장 큰 네 자리 수: 5353

5 ❶ 큰 수부터 차례로 쓰기: 8, 8, 6, 6, 3, 3
❷ 가장 큰 네 자리 수: 8866
❸ 둘째로 큰 네 자리 수: 8863

6 ❶ 작은 수부터 차례로 쓰기: 4, 4, 5, 5, 6, 6
❷ 백의 자리 숫자가 6인 가장 작은 네 자리 수: 4645
❸ 백의 자리 숫자가 6인 둘째로 작은 네 자리 수: 4646

1주 5일 복습　9 ~ 10 쪽

1 5개	**2** 4개
3 풀이 참고, 13가지	

1 [전략]
수를 뛰어 세는 규칙을 찾아 5803부터 뛰어 세어 ㉠에 들어갈 수 있는 수는 모두 몇 개인지 구한다.

❶ 백의 자리 숫자가 1씩 커지므로 100씩 뛰어 세는 규칙이다.

❷ 5803−5903−6003−6103−6203
　　　　　　　　　　　　㉠
−6303−6403−6503−6603

❸ ㉠에 들어갈 수 있는 수는 모두 5개이다.

2 ❶ 천의 자리 숫자가 1씩 작아지므로 1000씩 거꾸로 뛰어 세는 규칙이다.

❷ 9250−8250−7250−6250−5250
　　　　　　　　　　　　㉠
−4250−3250−2250

❸ ㉠에 들어갈 수 있는 수는 모두 4개이다.

3 [전략]
㉠이 될 수 있는 수를 먼저 알아보고 각 경우에 ㉡이 될 수 있는 수를 모두 찾는다.

❶ 예 ㉠이 될 수 있는 수는 8, 9이다.

❷ 예 ㉠=8인 경우: ㉡에는 0부터 2까지의 수가 들어갈 수 있다.
→ (8, 0), (8, 1), (8, 2)
㉠=9인 경우: ㉡에는 0부터 9까지의 수가 들어갈 수 있다.
→ (9, 0), (9, 1), (9, 2), (9, 3), (9, 4), (9, 5), (9, 6), (9, 7), (9, 8), (9, 9)

[참고]
㉠=8인 경우 8927>89㉡3에서 천의 자리 숫자와 백의 자리 숫자가 같으므로 십의 자리 숫자를 비교하면 2>㉡이다.
㉡에 2도 들어갈 수 있는지 확인해 보면 8927>8923이므로 ㉡에 2도 들어갈 수 있다.

❸ 3+10=13(가지)

2주　곱셈구구

2주 1일 복습　11 ~ 12 쪽

1 34명	**2** 18개
3 37봉지	**4** 28개
5 25개	**6** 54개

1 ❶ (6개의 텐트를 사용하게 되는 학생 수)
=5×6=30(명)

❷ (성규네 반 학생 수)=30+4=34(명)

2 ❶ (옮겨 실은 상자 수)=2×7=14(개)

❷ (창고에 남은 상자 수)=32−14=18(개)

3 ❶ (산 무지개떡의 수)=4×5=20(봉지)

❷ (산 꿀떡의 수)=20−3=17(봉지)

❸ (주환이가 산 무지개떡과 꿀떡의 수)
=20+17=37(봉지)

4 [전략]
우리 한 곳에 있는 오리의 다리 수를 먼저 구하자.

❶ (우리 한 곳에 있는 오리의 다리 수)
=2×2=4(개)

❷ (우리 7곳에 있는 오리의 다리 수)
=4×7=28(개)

5 ❶ (한 상자에 들어 있는 포춘쿠키 수)
=4×2=8(개)

❷ (5상자에 들어 있는 포춘쿠키 수)
=8×5=40(개)

❸ (남은 포춘쿠키 수)=40−15=25(개)

6 ❶ (4봉지에 들어 있는 사탕 수)
=9×4=36(개)

❷ (한 봉지에 들어 있는 초콜릿 수)
=3×2=6(개)
→ (3봉지에 들어 있는 초콜릿 수)
=6×3=18(개)

❸ (주헌이가 산 사탕과 초콜릿 수)
=36+18=54(개)

2주 2일 복습 13~14쪽

1 21, 24, 27	**2** 8, 16, 24
3 45	**4** 복숭아 통조림
5 고기만두	**6** 민희

1 ❶ 3단 곱셈구구의 값: 3, 6, 9, 12, 15, 18, 21, 24, 27
❷ $5 \times 4 = 20$
❸ 3단 곱셈구구의 값 중 5×4보다 큰 수: 21, 24, 27

2 ❶ 8단 곱셈구구의 값: 8, 16, 24, 32, 40, 48, 56, 64, 72
❷ $9 \times 3 = 27$
❸ 8단 곱셈구구의 값 중 9×3보다 작은 수: 8, 16, 24

3 ❶ 9단 곱셈구구의 값: 9, 18, 27, 36, 45, 54, 63, 72, 81
❷ $5 \times 8 = 40$, $7 \times 7 = 49$
❸ 9단 곱셈구구의 값 중 5×8보다 크고 7×7보다 작은 수: 45

4 ❶ (산 복숭아 통조림 수)$= 5 \times 4 = 20$(개)
❷ (산 파인애플 통조림 수)$= 6 \times 3 = 18$(개)
❸ $20 > 18$이므로 더 많이 산 것은 복숭아 통조림이다.

5 ❶ (김치만두 수)$= 8 \times 5 = 40$(개)
❷ (고기만두 수)$= 4 \times 9 = 36$(개)
❸ $40 > 36$이므로 더 적게 놓여 있는 것은 고기만두이다.

6 ❶ (민희가 상자에 담은 한라봉 수)
 $= 7 \times 8 = 56$(개)
 (민희가 상자에 담고 남은 한라봉 수)
 $= 70 - 56 = 14$(개)
❷ (태주가 상자에 담은 한라봉 수)
 $= 9 \times 6 = 54$(개)
 (태주가 상자에 담고 남은 한라봉 수)
 $= 75 - 54 = 21$(개)
❸ $14 < 21$이므로 남은 한라봉이 더 적은 사람은 민희이다.

2주 3일 복습 15~16쪽

1 4개	**2** 3개
3 5개	**4** 36
5 2	**6** 48

1 ❶ 8단 곱셈구구의 값을 구하고 값이 35보다 작은 수에 ○표 하기

×	1	2	3	4	5	6	7	8	9
8	⑧	⑯	㉔	㉜	40	48	56	64	72

❷ 어떤 수가 될 수 있는 수는 1, 2, 3, 4이므로 모두 4개이다.

2 ❶ 3단 곱셈구구의 값을 구하고 값이 20보다 큰 수에 ○표 하기

×	1	2	3	4	5	6	7	8	9
3	3	6	9	12	15	18	㉑	㉔	㉗

❷ 어떤 수가 될 수 있는 수는 7, 8, 9이므로 모두 3개이다.

3 ❶ 5단 곱셈구구의 값을 구하고 값이 14보다 크고 36보다 작은 수에 ○표 하기

×	1	2	3	4	5	6	7	8	9
5	5	10	⑮	⑳	㉕	㉚	㉟	40	45

❷ 어떤 수가 될 수 있는 수는 3, 4, 5, 6, 7이므로 모두 5개이다.

4 ❶ 잘못 계산한 식: (어떤 수)$+ 4 = 13$
❷ (어떤 수)$= 13 - 4 = 9$
❸ (바르게 계산한 값)$= 9 \times 4 = 36$

5 ❶ 잘못 계산한 식: (어떤 수)$\times 5 = 35$
❷ $7 \times 5 = 35$이므로 (어떤 수)$= 7$이다.
❸ (바르게 계산한 값)$= 7 - 5 = 2$

6 ❶ 잘못 계산한 식: (어떤 수)$\times 7 = 56$
❷ $8 \times 7 = 56$이므로 (어떤 수)$= 8$이다.
❸ 3씩 2번 뛰어 센 수: $3 \times 2 = 6$
 ➜ (바르게 계산한 값)$= 8 \times 6 = 48$

정답과 해설

1 15	**2** 72
3 40	**4** 6줄
5 8줄	

1 ❶ 수의 크기 비교: $3<5<6<9$

    ❷ 나올 수 있는 가장 작은 곱: $3\times5=15$

2 ❶ 수의 크기 비교: $9>8>4>2$

    ❷ 나올 수 있는 가장 큰 곱: $9\times8=72$

> **참고**
>
> 4장의 수 카드 중에서 2장을 뽑아 수 카드에 적힌 두 수의 곱을 구할 때
> - 나올 수 있는 가장 작은 곱:
>   (가장 작은 수)×(두 번째로 작은 수)
> - 나올 수 있는 가장 큰 곱:
>   (가장 큰 수)×(두 번째로 큰 수)

3 ❶ 두 수의 곱이 0인 경우는 두 수 중 한 수가 반드시 0이어야 하므로 뒤집힌 카드에 적힌 수는 0이다.

    ❷ 수의 크기 비교: $8>5>0$

    ❸ 나올 수 있는 가장 큰 곱: $8\times5=40$

4 ❶ (전체 달걀 수)=$4\times9=36$(개)

    ❷ 한 줄에 6개씩 놓을 때 전체 달걀 수를 구하는 식 쓰기

     다시 놓는 줄 수를 ■라 하면 $6\times■=36$이다.

    ❸ $6\times6=36$이므로 ■=6이다.

      ➡ 다시 놓는 줄 수: 6줄

5 ❶ 5개씩 6줄: $5\times6=30$(개)

      ➡ (전체 젤리 수)=$30+2=32$(개)

    ❷ 한 줄에 4개씩 놓을 때 전체 젤리 수를 구하는 식 쓰기

     다시 놓는 줄 수를 ■라 하면 $4\times■=32$이다.

    ❸ $4\times8=32$이므로 ■=8이다.

      ➡ 다시 놓는 줄 수: 8줄

1 14	**2** 24
3 5살	**4** 40살

1 ❶ |보기|에서 (왼쪽 수)+(아래쪽 수)=(가운데 수)이므로

     ㉠$+4=6$, ㉠$=6-4=2$이다.

    ❷ |보기|에서 (오른쪽 수)×(가운데 수)=(위쪽 수)이므로

     ㉡$\times6=42$에서 $7\times6=42$이므로 ㉡$=7$이다.

    ❸ ㉠$\times$㉡$=2\times7=14$

2 ❶ |보기|에서 (위쪽 수)×(가운데 수)=(오른쪽 수)이므로

     ㉠$\times9=72$에서 $8\times9=72$이므로 ㉠$=8$이다.

    ❷ |보기|에서 (왼쪽 수)×(아래쪽 수)=(가운데 수)이므로

     $3\times$㉡$=9$에서 $3\times3=9$이므로 ㉡$=3$이다.

    ❸ ㉠$\times$㉡$=8\times3=24$

3 ❶ 인범이의 나이를 ■라 하면

     (종범이의 나이)=■,

     (아빠의 나이)=■$\times7$,

     (세 사람의 나이의 합)=■+■+(■$\times7$)=45

    ❷ ■+■+(■$\times7$)=45, ■$\times9=45$, ■=5

      ➡ (인범이의 나이)=5살

4

> **전략**
>
> 진아의 나이를 먼저 구하고 엄마의 나이를 구하자.

    ❶ 진아의 나이를 ■라 하면

     (세아의 나이)=■,

     (엄마의 나이)=■$\times5$,

     (세 사람의 나이의 합)=■+■+(■$\times5$)=56

    ❷ ■+■+(■$\times5$)=56, ■$\times7=56$, ■=8

      ➡ (진아의 나이)=8살

    ❸ (엄마의 나이)=$8\times5=40$(살)

> **주의**
>
> ■는 진아의 나이이므로 엄마의 나이는 구한 진아의 나이에 5배를 해야 함에 주의한다.

정답과 해설

3주 1일 복습　21~22쪽

1 2시간 5분	**2** 2시간 50분
3 1시간 32분	**4** 8시 20분
5 9시 40분	**6** 1시 5분

1 ❶ 6시 35분 ──2시간 후──▶ 8시 35분
　──5분 후──▶ 8시 40분
❷ 카페에 있었던 시간: 2시간 5분

2 ❶ 서울역을 출발한 시각: 7시 5분
　순천역에 도착한 시각: 9시 55분
❷ 7시 5분 ──2시간 후──▶ 9시 5분
　──50분 후──▶ 9시 55분
❸ 서울역에서 순천역까지 가는 데 걸린 시간:
　2시간 50분

3 ❶ 운동을 시작한 시각: 8시 25분
❷ 8시 25분 ──1시간 후──▶ 9시 25분
　──32분 후──▶ 9시 57분
❸ 운동을 한 시간: 1시간 32분

4 ❶ 영화가 끝난 시각: 11시 30분
❷ 11시 30분 ──3시간 전──▶ 8시 30분
　──10분 전──▶ 8시 20분
　➡ 영화가 시작한 시각: 8시 20분

5 ❶ 공항에 도착해야 하는 시각: 11시
❷ 집에서 공항까지 가는 데 1시간 20분이 걸리
　므로 집에서 나와야 하는 시각은 11시가 되기
　1시간 20분 전이다.
　11시 ──1시간 전──▶ 10시 ──20분 전──▶ 9시 40분
　➡ 집에서 9시 40분에 나와야 한다.

6 ❶ 4시 20분 ──1시간 전──▶ 3시 20분
　──20분 전──▶ 3시 ──10분 전──▶ 2시 50분
　➡ 치즈 만들기 체험을 시작한 시각: 2시 50분
❷ 2시 50분 ──1시간 전──▶ 1시 50분 ──45분 전──▶ 1시 5분
　➡ 아이스크림 만들기 체험을 시작한 시각: 1시 5분

3주 2일 복습　23~24쪽

1 진태	**2** 은우
3 민준	**4** 오후 4시
5 오후에 ○표, 4시 15분	
6 26일 오전 11시	

1 ❶ 영서가 일어난 시각: 7시 50분
　진태가 일어난 시각: 8시 8분
❷ 더 늦은 시각: 8시 8분
　➡ 더 늦게 일어난 사람: 진태

2 ❶ 민재가 도서관에 도착한 시각: 10시 45분
❷ 가장 빠른 시각: 10시 40분
　➡ 가장 먼저 도착한 사람: 은우

3 ❶ 민준이가 학교에서 나온 시각: 3시 25분
　선영이가 학교에서 나온 시각: 3시 50분
❷ 더 빠른 시각: 3시 25분
　➡ 먼저 나온 사람: 민준

4 ❶ 긴바늘이 7바퀴 도는 데 걸리는 시간: 7시간
❷ 오전 9시 ──3시간 후──▶ 낮 12시
　──4시간 후──▶ 오후 4시
　➡ 현재 시각: 오후 4시

5 ❶ 짧은바늘이 1바퀴 도는 데 걸리는 시간:
　12시간
❷ 오전 4시 15분 ──12시간 후──▶ 오후 4시 15분
　➡ 시계의 짧은바늘이 시계 방향으로 1바퀴
　돌았을 때 가리키는 시각: 오후 4시 15분

6 ❶ 긴바늘이 17바퀴 도는 데 걸리는 시간:
　17시간
❷ 25일 오후 6시 ──12시간 후──▶ 26일 오전 6시
　──5시간 후──▶ 26일 오전 11시
　➡ 현재 서울특별시의 시각:
　26일 오전 11시

정답과 해설

1 오전 7시 20분   **2** 오전 10시 10분

3 오전 11시 5분   **4** 오후 1시 45분

5 오전 4시 32분

1 ❶ 2번째 출발 시각:

오전 6시 20분 $\xrightarrow[\text{30분 후}]{}$ 오전 6시 50분

❷ 3번째 출발 시각:

오전 6시 50분 $\xrightarrow[\text{30분 후}]{}$ 오전 7시 20분

2 ❶ 오전 8시 10분 $\xrightarrow[\text{40분 후}]{}$ 오전 8시 50분

$\xrightarrow[\text{40분 후}]{}$ 오전 9시 30분

$\xrightarrow[\text{40분 후}]{}$ 오전 10시 10분

❷ 승주네 가족은 오전 10시 10분에 출발하는 버스를 탈 수 있다.

3 ❶ 45분+10분=55(분)마다 수업을 시작한다.

❷ 2교시 수업 시작 시각:

오전 9시 15분 $\xrightarrow[\text{55분 후}]{}$ 오전 10시 10분

❸ 3교시 수업 시작 시각:

오전 10시 10분 $\xrightarrow[\text{55분 후}]{}$ 오전 11시 5분

4 ❶ 오늘 오전 9시부터 오후 2시까지는 5시간이다.

❷ 시계가 오후 2시까지 느려진 시간:

$3 \times 5 = 15$(분)

❸ 오늘 오후 2시에 이 시계가 나타내는 시각은 오후 2시에서 15분 전의 시각이므로 오후 1시 45분이다.

5 ❶ 오늘 오후 8시부터 내일 오전 4시까지는 8시간이다.

❷ 시계가 내일 오전 4시까지 빨라진 시간:

$4 \times 8 = 32$(분)

❸ 내일 오전 4시에 이 시계가 나타내는 시각은 오전 4시에서 32분 후의 시각이므로 오전 4시 32분이다.

1 월요일   **2** 목요일

3 5월 19일   **4** 7월 18일

5 2023년 12월 16일

1 ❶ 27일과 요일이 같은 날짜: 27−7=20(일), 20−7=13(일), 13−7=6(일)

❷ 4월 6일이 월요일이므로 줄넘기 대회에 참가하는 날은 월요일이다.

2 ❶ 5월의 마지막 날: 5월 31일

❷ 31일과 요일이 같은 날짜:

31−7=24(일), 24−7=17(일),

17−7=10(일), 10−7=3(일)

❸ 5월 3일이 목요일이므로 미술 전시회에 가는 날은 목요일이다.

3 ❶ 4월의 마지막 날짜: 4월 30일

❷ 4월 17일 $\xrightarrow[\text{13일 후}]{}$ 4월 30일

$\xrightarrow[\text{19일 후}]{}$ 5월 19일

➜ 축구 대회가 열리는 날짜: 5월 19일

4 ❶ 5월의 마지막 날짜: 5월 31일,

6월의 마지막 날짜: 6월 30일

❷ 5월 4일 $\xrightarrow[\text{27일 후}]{}$ 5월 31일

$\xrightarrow[\text{30일 후}]{}$ 6월 30일 $\xrightarrow[\text{18일 후}]{}$ 7월 18일

➜ 지원이의 생일: 7월 18일

5 ❶ 22개월=12개월+10개월=1년 10개월

❷ 2022년 2월 16일

$\xrightarrow[\text{1년 후}]{}$ 2023년 2월 16일

$\xrightarrow[\text{10개월 후}]{}$ 2023년 12월 16일

➜ 준재가 우리나라에 입국하는 날짜:

2023년 12월 16일

3주 5일 복습 29~30쪽

1 1월 21일	**2** 6월 18일
3 풀이 참고, 1시 45분	**4** 풀이 참고, 4시 55분

1 ❶ 1월의 마지막 날은 31일이므로 태욱이의 생일은 1월 31일이다.

❷ 31일의 1주일 전은 31-7=24(일)이므로 규성이의 생일은 1월 24일이다.

❸ 72시간=3일이므로 희찬이의 생일은 1월 21일이다.

2 ❶ 6월의 마지막 날은 30일이므로 지나의 생일은 6월 30일이다.

❷ 30일의 2주일 전은 30-14=16(일)이므로 세희의 생일은 6월 16일이다.

❸ 48시간=2일이므로 하리의 생일은 6월 18일이다.

3 ❶

❷

짧은바늘은 1과 2사이를 가리키므로 1시이고, 긴바늘은 9를 가리키므로 45분이다.
➡ 거울에 비친 시계가 나타내는 시각: 1시 45분

4 ❶

❷

짧은바늘은 4와 5 사이를 가리키므로 4시이고, 긴바늘은 11을 가리키므로 55분이다.
➡ 시계가 나타내는 시각: 4시 55분

4주 길이 재기 / 규칙 찾기

4주 1일 복습 31~32쪽

1 현관문	**2** 침대
3 소나무	**4** 3번
5 3번	**6** 24걸음

1 ❶ 2 m 5 cm=205 cm

❷ 245 cm>205 cm
➡ 현관문의 높이가 더 높다.

2 ❶ 200 cm=2 m

❷ 2 m>1 m 90 cm
➡ 책상은 놓을 수 있다.

❸ 2 m<2 m 5 cm
➡ 침대는 놓을 수 없다.

3 ❶ 5 m 75 cm=575 cm

❷ 575 cm>550 cm>490 cm
➡ 가장 높은 나무는 소나무이다.

4 ❶ (내 리본으로 4번 잰 길이)
=90 cm+90 cm+90 cm+90 cm
=360 cm

❷ 360 cm
=120 cm+120 cm+120 cm
이므로 누나의 리본으로 재면 3번이다.

5 ❶ 2번: 14 cm+14 cm=28 cm
3번: 14 cm+14 cm+14 cm=42 cm

❷ 적어도 3번을 재어야 40 cm가 넘는다.

> 참고
> ❶ 40 cm가 넘을 때까지 14 cm를 더한다.

6 ❶ 9 m=3 m+3 m+3 m이므로
9 m는 3 m씩 3번이다.

❷ (걸음 수)=8×3=24(걸음)

> 참고
> ❷ 3 m+3 m+3 m=9 m
>   8걸음 8걸음 8걸음 (8×3)걸음

4주 2일 복습 33~34쪽

1 2 m 27 cm	**2** 4 m 15 cm
3 35 cm	**4** 3 m 30 cm
5 70 m 60 cm	

1 ❶ 105 cm=1 m 5 cm
　❷ (두 사람이 그은 선의 길이)
　　=1 m 22 cm+1 m 5 cm
　　=2 m 27 cm

2 ❶ 435 cm=4 m 35 cm
　❷ (남은 털실의 길이)
　　=8 m 50 cm−4 m 35 cm
　　=4 m 15 cm

3 ❶ 210 cm=2 m 10 cm
　❷ (책장 위부터 천장까지의 높이)
　　=2 m 50 cm−2 m 10 cm=40 cm
　❸ (상자의 높이)=40 cm−5 cm=35 cm

> 참고
> ❷ (책장 위부터 천장까지의 높이)
> 　=(천장의 높이)−(책장의 높이)
> ❸ (상자의 높이)
> 　=(책장 위부터 천장까지의 높이)
> 　　−(상자를 올려놓고 천장까지 비어 있는 높이)

4 ❶ (㉠에서 ㉣까지의 거리)
　　=6 m 22 cm+6 m 22 cm
　　=12 m 44 cm
　❷ (㉢에서 ㉣까지의 거리)
　　=12 m 44 cm−9 m 14 cm
　　=3 m 30 cm

5 ❶ (지호네 집에서 편의점까지의 거리)
　　=95 m 68 cm−60 m 38 cm
　　=35 m 30 cm
　❷ (지호가 집에서 편의점까지 갔다가 돌아온 거리)
　　=35 m 30 cm+35 m 30 cm
　　=70 m 60 cm

4주 3일 복습 35~36쪽

1 9 m 24 cm	**2** 3 m 18 cm
3 2 m 45 cm	**4** 150 cm
5 100 cm	

1 ❶ (빨간색 건물의 높이)
　　=9 m 55 cm−1 m 34 cm
　　=8 m 21 cm
　❷ (보라색 건물의 높이)
　　=8 m 21 cm+1 m 3 cm
　　=9 m 24 cm

2 ❶ (까망이가 앉아 있는 곳의 높이)
　　=2 m 25 cm−15 cm
　　=2 m 10 cm
　❷ (뚱이가 앉아 있는 곳의 높이)
　　=2 m 10 cm+1 m 8 cm
　　=3 m 18 cm

3 ❶ (밧줄의 길이)=1 m 15 cm+1 m 35 cm
　　　　　　　　　=2 m 50 cm
　❷ (밧줄의 길이)+(우산의 길이)
　　=2 m 50 cm+1 m 15 cm
　　=3 m 65 cm
　❸ (창문 긴 쪽의 길이)
　　=3 m 65 cm−1 m 20 cm
　　=2 m 45 cm

4 그림 그리기

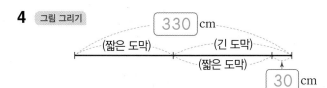

　❶ (짧은 도막의 길이)=■ cm라 하면
　　(긴 도막의 길이)=(■+30) cm이다.
　❷ ■+■+30=330,
　　■+■=300 ➡ ■=150
　　따라서 짧은 도막의 길이는 150 cm이다.

5 그림 그리기

❶ (긴 도막의 길이)=■ cm라 하면
(짧은 도막의 길이)=(■−20) cm이다.

❷ ■+■−20=180,
■+■=200 ➡ ■=100
따라서 긴 도막의 길이는 100 cm이다.

4주 4일 복습　　　　**37~38**쪽

1 1	**2** 사각형	**3** 5번
4 16개	**5** 1000원	

1 ❶ 반복되는 수: 1, 8, 3

❷ 1, 8, 3, 1, 8, 3, 1, 8, 3
　　　　3번째　　6번째　　9번째

❸ 12번째, 15번째, 18번째 수도 모두 3이다.
➡ 19번째 수는 3 다음 수인 1이다.

2 ❶ 반복되는 모양: 삼각형, 사각형, 사각형, 원

❷ 삼각형, 사각형, 사각형, 원, 삼각형, 사각형, 사각형, 원
　　　　　　　　4번째　　　　　　　　　8번째

❸ 12번째, 16번째 모양도 모두 원이다.
➡ 17번째: 삼각형, 18번째: 사각형

3 ❶ 반복되는 수: 7, 2, 6, 4

❷ 반복되는 수 4개를 한 묶음으로 하면
$4 \times 5=20$이므로 20번째 수까지 5묶음이다.

❸ 한 묶음에 6이 한 번씩 있으므로 5묶음에는
모두 5번 나온다.

4 ❶ 검은 돌이 1　4　7 ➡ 3개씩 늘어난다.
　　　　　　　　+3　+3

❷ (여섯 번째 모양의 검은 돌 수)
=7+3+3+3=16(개)

5 ❶ 100원짜리 동전이 2　4　6
　　　　　　　　　　　　+2　+2
➡ 2개씩 늘어난다.

❷ (다섯 번째에 놓이는 100원짜리 동전의 수)
=6+2+2=10(개)

❸ 100이 10개이면 1000이므로 100원짜리
동전의 금액의 합은 1000원이다.

4주 5일 복습　　　　**39~40**쪽

1 2 m 20 cm	**2** 1 m 80 cm
3 90	**4** 300

1 ❶ (㉠의 길이)=1 m 50 cm−1 m 30 cm
=20 cm

❷ (㉡의 길이)=1 m 30 cm+1 m 30 cm
=2 m 60 cm

❸ (㉢의 길이)=20 cm+20 cm=40 cm

❹ (㉣의 길이)=1 m 30 cm

❺ 차: 2 m 60 cm−40 cm=2 m 20 cm

참고

2 m 60 cm>1 m 30 cm> 40 cm>20 cm

2 ❶ 1 m 70 cm−40 cm=1 m 30 cm
➡ (㉠의 길이)=1 m 30 cm+1 m 30 cm
=2 m 60 cm

❷ (㉡의 길이)=40 cm+40 cm=80 cm

❸ (㉢의 길이)=1 m 70 cm−40 cm
=1 m 30 cm

❹ 차: 2 m 60 cm−80 cm=1 m 80 cm

3 ❶ 1 m 20 cm+1 m 20 cm+1 m 20 cm
=3 m 60 cm이므로
3 m 60 cm를 1 m 20 cm씩 자르면 3도막
이 된다.

❷ ■ cm씩 잘랐을 때는 3+1=4(도막)이다.

❸ 3 m 60 cm=360 cm
=90 cm+90 cm+90 cm+90 cm
이므로 잘못 자른 길이는 90 cm이다.
➡ ■=90

4 ❶ 1 m 80 cm+1 m 80 cm+1 m 80 cm
+1 m 80 cm+1 m 80 cm=9 m이므로
9 m를 1 m 80 cm씩 자르면 5도막이 된다.

❷ ■ cm씩 잘랐을 때는 5−2=3(도막)이다.

❸ 9 m=900 cm
=300 cm+300 cm+300 cm
이므로 잘못 자른 길이는 300 cm이다.
➡ ■=300

최고 수준 S

최고 수준

최강 TOT

응용 해결의 법칙

일등전략

수학도
독해가 힘이다

초등 문해력
독해가 힘이다
[문장제 수학편]

수학 전략

유형 해결의 법칙

우등생 해법수학

개념클릭

개념 해결의 법칙

똑똑한 하루 시리즈 [수학/계산/도형/사고력]

계산박사

빅터연산

난이도

최상

심화

유형

개념

기초
연산

최하

초등 수학
라인업

평가 대비
특화 교재

수학 단원평가

해법수학
경시대회 기출문제

해법 예비 중학
신입생 수학

정답은
이안에
있어!

수학 전문 교재

● 연산 학습

빅터연산	예비초~6학년, 총 20권
참의융합 빅터연산	예비초~4학년, 총 16권

● 개념 학습

개념클릭 해법수학	1~6학년, 학기용

● 수준별 수학 전문서

해결의법칙(개념/유형/응용)	1~6학년, 학기용

● 단원평가 대비

수학 단원평가	1~6학년, 학기용

● 단기완성 학습

초등 수학전략	1~6학년, 학기용

● 상위권 학습

최고수준 S 수학	1~6학년, 학기용
최고수준 수학	1~6학년, 학기용
최강 TOT 수학	1~6학년, 학년용

● 경시대회 대비

해법 수학경시대회 기출문제	1~6학년, 학기용

예비 중등 교재

● 해법 반편성 배치고사 예상문제	6학년
● 해법 신입생 시리즈(수학/영어)	6학년

맞춤형 학교 시험대비 교재

● 열공 전과목 단원평가	1~6학년, 학기용(1학기 2~6년)

한자 교재

● 한자능력검정시험 자격증 한번에 따기	8~3급, 총 9권
● 씽씽 한자 자격시험	8~5급, 총 4권
● 한자 전략	8~5급Ⅱ, 총 12권

배움으로 행복한 내일을 꿈꾸는
천재교육 커뮤니티 안내 · · ·

 교재 안내부터 구매까지 한 번에!
천재교육 홈페이지

자사가 발행하는 참고서, 교과서에 대한 소개는 물론
도서 구매도 할 수 있습니다. 회원에게 지급되는 별을 모아
다양한 상품 응모에도 도전해 보세요!

 다양한 교육 꿀팁에 깜짝 이벤트는 덤!
천재교육 인스타그램

천재교육의 새롭고 중요한 소식을 가장 먼저 접하고 싶다면?
천재교육 인스타그램 팔로우가 필수!
깜짝 이벤트도 수시로 진행되니 놓치지 마세요!

 수업이 편리해지는
천재교육 ACA 사이트

오직 선생님만을 위한, 천재교육 모든 교재에 대한 정보가 담긴
아카 사이트에서는 다양한 수업자료 및 부가 자료는 물론
시험 출제에 필요한 문제도 다운로드하실 수 있습니다.

https://aca.chunjae.co.kr

 천재교육을 사랑하는 샘들의 모임
천사샘

학원 강사, 공부방 선생님이시라면 누구나 가입할 수 있는 천사샘!
교재 개발 및 평가를 통해 교재 검토진으로 참여할 수 있는 기회는 물론
다양한 교사용 교재 증정 이벤트가 선생님을 기다립니다.

 아이와 함께 성장하는 학부모들의 모임공간
튠맘 학습연구소

튠맘 학습연구소는 초·중등 학부모를 대상으로 다양한 이벤트와 함께
교재 리뷰 및 학습 정보를 제공하는 네이버 카페입니다.
초등학생, 중학생 자녀를 둔 학부모님이라면 튠맘 학습연구소로 오세요!